Henryk Okarma

Der Wolf

Henryk Okarma

Der Wolf

Ökologie · Verhalten · Schutz

Mit 75 Abbildungen, davon 28 farbig

Parey Buchverlag Berlin 1997

Parey Buchverlag im
Blackwell Wissenschafts-Verlag
Kurfürstendamm 57, D–10707 Berlin

Anschrift des Verfassers:
Dr. Henryk Okarma
Mammal Research Institute
17-230 Białowieza
Poland

Anschrift des Übersetzers und der Bearbeiterin:
Klaus Langwald und Dr. Dagmar Altmann-Langwald
Sredzkistraße 39
10435 Berlin

Titel der Originalausgabe:
Wilk, Monografia przyrodniczo-łowiecka
(Der Wolf – Monographie über Natur und Jagd),
Nakładem Autora (Eigenverlag des Autors),
Białowieza, 1992 – 168 S., 51 Abb.;
ISBN 83-900635-0-6

Die Deutsche Bibliothek-CIP-Einheitsaufnahme

Okarma, Henry:
Der Wolf : Ökologie, Verhalten, Jagd / Henry Okarma. [Übers.: Klaus Langwald. Bearb.: Dagmar Altmann-Lanwald]. - Berlin : Parey, 1997
Einheitssacht.: Wilk <dt.>
ISBN 3-8263-8431-8
NE: Altmann-Langwald, Dagmar [Bearb.]

Printed in Germany · ISBN 3-8263-8431-8

Einbandgestaltung: Rudolf Hübler, Berlin, unter Verwendung einer Abbildung von Michael Bartz. Zeichnung zum Innentitel: Reiner Zieger. Alle weiteren Bildautoren sind ausgewiesen.

Satz und Repro: deutsch-türkischer fotosatz, Berlin
Druck und Bindung: Druckhaus zu Altenberg

Gedruckt auf chlorfrei gebleichtem Papier

Inhaltsverzeichnis

Vorwort

Der Wolf ist namentlich allen bekannt, doch für viele ein unbekanntes Tier. Die Kinder erfahren von ihm schon in den ersten Märchen, alle sind an seiner Biologie und Jagd interessiert und haben über ihn eine Grundvorstellung; und fast jeder Jäger, der irgendwie mit dem Wolf in Berührung gekommen ist, hat zu ihm ein persönliches, emotionales Verhältnis. Allgemeine Meinungen und Urteile über den Wolf entsprechen häufig nicht der Wahrheit. Nach wie vor wird er meistens, wie seit Jahrhunderten, häufig als umherziehende Bestie mit ungebremstem Instinkt zum Töten betrachtet.

Die Monographie über den Wolf von ŚWIĘTORZECKI (1926) war für seine Zeit in Polen sehr modern und enthält viele Informationen, die bis heute ihre Aktualität nicht verloren haben. Jedoch haben sich seitdem durch Forschungen in aller Welt die Erkenntnisse über diese Tierart bedeutend vermehrt. Systematische Untersuchungen an Wölfen sind schon seit über einem halben Jahrhundert in Nordamerika durchgeführt worden und neuerdings auch in der ehemaligen UdSSR und in einigen anderen Ländern Europas. Gewidmet sind ihm Hunderte wissenschaftlicher Arbeiten und Dutzende von Büchern, die in Polen relativ unbekannnt geblieben sind. Darüber hinaus wurden die Wölfe noch bis zum Anfang der 70er Jahre unseres Jahrhunderts in Polen mitleidlos vernichtet.

Dieses Buch hat die Aufgabe, der Leserschaft unser heutiges Wissen über den Wolf vorzustellen. Es ist eine etwas freizügige Ausarbeitung und keine streng wissenschaftliche Monographie. Sie ist an Jäger, Waldarbeiter, Biologen und alle Naturfreunde adressiert. Es werden fast alle Aspekte der Biologie dieser Tierart erfaßt, und ich persönlich habe die Hoffnung, die Leser zu überzeugen, daß ein Wolf gar nicht so schrecklich ist.

Obwohl Untersuchungen an Wölfen in Polen die Grundlage bilden, werden im vorliegenden Buch auch die Ergebnisse aus der internationalen Wolfsforschung vorgestellt. In bezug auf Morphologie, Verhalten und Ökologie gibt es kaum Unterschiede zwischen den Wolfsunterarten aus der Alten und der Neuen Welt. Gewisse Unterschiede findet man dagegen im Hinblick auf Territorialorganisation, Nahrung und Interaktionen mit den Beutetier-Gattungen.

Ich möchte Herrn Professor ZDZISŁAW PUCEK für seine kritischen Bemerkungen zum Manuskript, Herrn Dr. BOGUMILE JĘDRZEJEWSKI für die Diskussion zum Aufbau des Buches und die stilistische Korrektur sowie Herrn Ingenieur LECH MIŁKOWSKI für bisher unveröffentlichte Daten herzlich danken. Besonders dankbar bin ich meiner Frau für die Geduld während des Schreibens an dem vorliegenden Buch.

Die Veröffentlichung des Buches in deutscher Sprache ist erst durch die Initiative einiger deutscher Wolfsfreunde und -forscher möglich geworden. Darüber bin ich sehr froh. Und ohne die Mühe des Übersetzers Klaus Langwald und der Bearbeiterin Dr. Dagmar Altmann-Langwald wäre die Herausgabe wohl auch nicht zustande gekommen. Deshalb möchte ich beiden an dieser Stelle meine ganz besondere Dankbarkeit und Hochachtung aussprechen.
Nicht zuletzt sei dem Parey Buchverlag im Blackwell Wissenschafts-Verlag GmbH Berlin für die Annahme des Manuskripts und die ausgesprochen gute Zusammenarbeit gedankt.

Białowieza, im Mai 1996 Henryk Okarma

Systematik, Verbreitung und Bestand

Kapitel 1

1.1 Systematik

Der Wolf (*Canis lupus* Linnaeus 1758) gehört zur Ordnung der Raubtiere (Carnivora). Sie werden durch bestimmte, gemeinsame Eigenschaften charakterisiert, die ein Ergebnis von ähnlichen Nahrungsgewohnheiten sind. Das sind vor allem lange Eckzähne (kräftige Reißzähne) mit spitzen Enden, einfaches Verdauungssystem, üblicherweise scharfe Krallen sowie ein hoch entwickeltes Gehirn (MATTHEW, 1930).

Die Ordnung der Raubtiere umfaßt sieben systematische Einheiten niederer Ordnung (Familien): Bärenartige (*Ursidae*), Katzenartige (*Felidae*), Marderartige (*Mustelidae*), Waschbärartige (*Procyonidae*), Schleichkatzenartige (*Viverridae*), Hyänenartige (*Hyaenidae*) und Hundeartige (*Canidae*).

Zur Familie der Hundeartigen gehören 14 gegenwärtig lebende Arten, unter anderem Fuchs, Marderhund, Fennek, Afrikanischer Wildhund. Der Wolf gehört zur Gattung Canis. Sie umfaßt auch den Haushund (*Canis lupus familiaris*), den Kojoten (*Canis latrans*), den Goldschakal (*Canis aureus*), den Schabrackenschakal (*Canis mesomelas*) und den Streifenschakal (*Canis adustus*) sowie den Dingo (*Canis dingo*).

Körpermaße und Färbung der Wölfe sind so variabel, daß man in Nordamerika 24 Unterarten unterscheidet (NOWAK, 1983), in Europa werden neun Unterarten unterschieden (BIBIKOW, 1985). DAVID MECH hat 1970

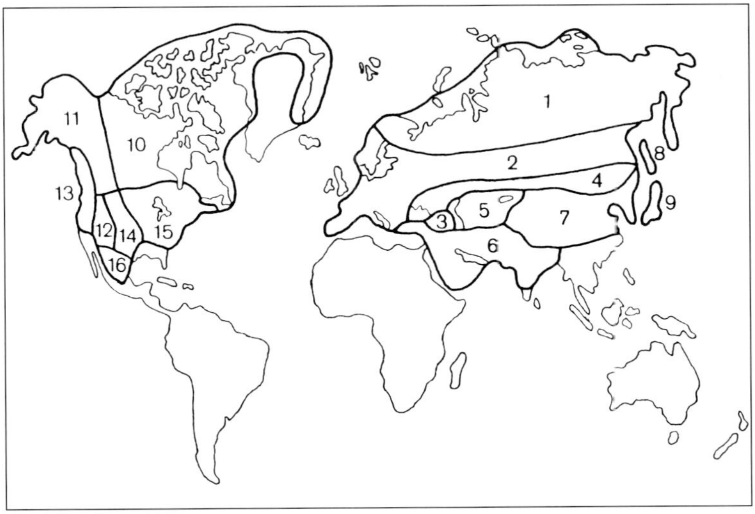

Abb. 1.1 Ursprüngliches Verbreitungsgebiet des Wolfes, mit dem Auftreten der verschiedenen Unterarten (nach BIBIKOW, 1985). *1– Canis lupus albus; 2 – C. l. lupus; 3 – C. l. cubanensis; 4 – C. l. campestris; 5 – C. l. desertorium; 6 – C. l. pallipes; 7 – C. l. chanco; 8 – C. l. hattai; 9 – C. l. hodophillax; 10 – C. l. arctos; 11 – C. l. occidentalis; 12 – C. l. youngi; 13 – C. l. fuscus; 14 – C. l. nubilis; 15 – C. l. lycaon; 16 – C. l. baileyi* (wg BIBIKOW, 1985).

bereits 24 Unterarten für Amerika und 8 Unterarten für Eurasien genauestens beschrieben (Anmerkung der Bearbeiterin: D. LANGWALD). Die Anzahl der Unterarten wird sicherlich nach Durchführung sorgfältiger Untersuchungen beträchtlich reduziert werden können. Bisher wurden jedoch keine Untersuchungen gemacht, um festzustellen, ob verschiedene Namen synonymen Inhalt haben. In der Literatur werden weiterhin verschiedene Namen für ein und dieselbe Unterart gebraucht (PARADISO u. NOWAK, 1982). In Verbindung mit der geographischen Verbreitung der Unterarten des Wolfes innerhalb der Reichweite der Art (Abb. 1.1) unterscheidet BIBIKOW (1985) nur 16 Formen von Unterarten, davon 9 in Eurasien und 7 in Nordamerika.

1.2 Geographische Verbreitung

Schon vor einer Million Jahren erreichte der Wolf im Evolutionsprozeß die morphologische Gestalt, die der gegenwärtigen sehr ähnlich ist. Aus dieser Zeit stammen ausgegrabene Reste der Gattung Canis mosbahensis, die als direkter Vorfahr des heutigen Wolfes anerkannt wird (KURTEN, 1968) (Abb. 1.2). Knöcherne Überreste des Wolfes, die in Nordamerika und Europa gefunden wurden (darunter auch in Polen), stammen von den Anfängen des

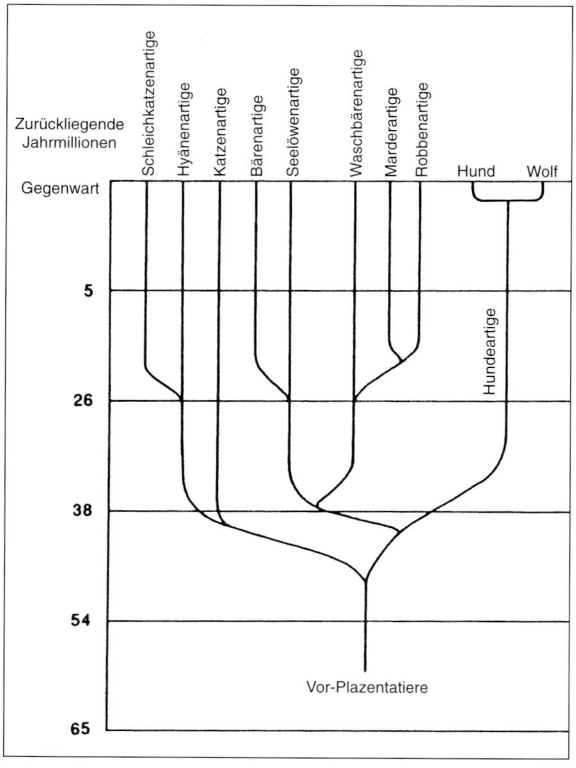

Abb. 1.2
Evolution des Wolfes.

späten Pleistozän. Das heißt, sie sind etwa einhunderttausend Jahre alt (WOLSAN, 1989).
Die Verbreitung des Wolfes war einst sehr groß und umfaßte das ganze Nordamerika, Europa, Asien (einschließlich der Arabischen Halbinsel) sowie Japan (s. Abb. 1.1). Der Wolf besiedelte auch Hochgebirgsregionen, ausgedehnte Wüsten und den tropischen Dschungel. Von den Säugetieren wird die Größe der ursprünglichen geographischen Reichweite des Wolfes im Pleistozän nur vom Löwen (*Panthera leo*) und offensichtlich vom Menschen übertroffen (NOWAK, 1983).
Gegenwärtig tritt der Wolf in einem bedeutend kleineren Gebiet auf. In Nordamerika lebt er verhältnismäßig zahlreich nur in Alaska und Kanada, und in den Vereinigten Staaten überlebte die einzige größere Population nur im Staate Minnesota. Kleine, isolierte Populationen des Wolfes existieren noch in einigen anderen Regionen der Vereinigten Staaten und in Mexiko (NOWAK, 1983).
In Europa verkleinerte sich das Areal der Wölfe im Laufe der letzten zwei Jahrhunderte gewaltig (Abb. 1.3). Zur Zeit gibt es Wölfe noch recht zahlreich in Südeuropa (ehemaliges Jugoslawien, Rumänien, Bulgarien, Griechenland und Albanien) sowie in Mitteleuropa (Polen, Slowakei). Sie be-

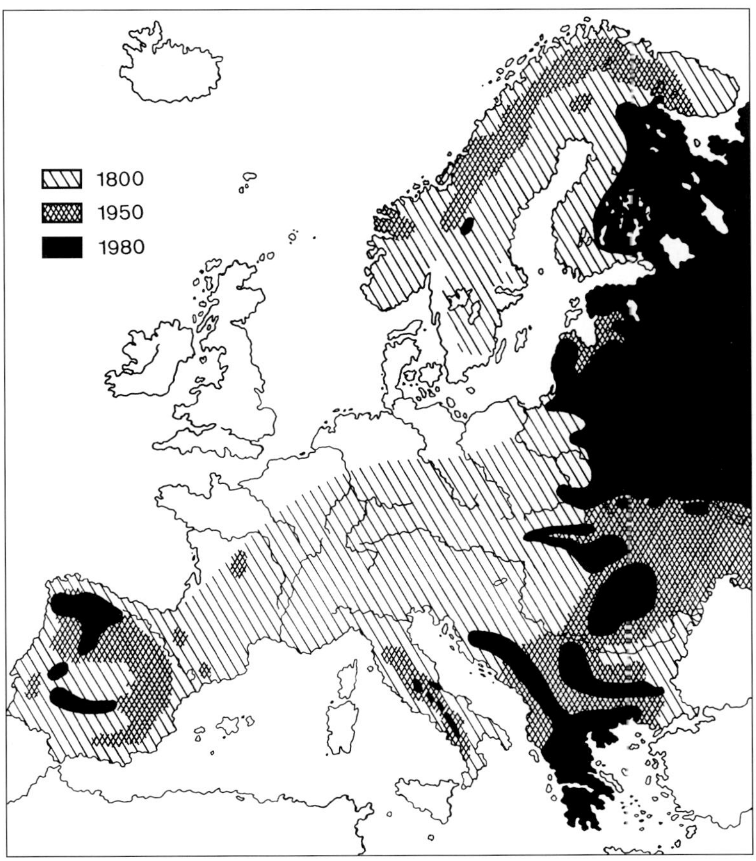

Abb. 1.3
Die Abnahme des Areals der Wölfe in Europa im Laufe der letzten 200 Jahre (nach BIBIKOW, 1985).

wohnen auch einige Bergregionen in Italien, Spanien und Portugal sowie in sehr kleiner Zahl Schweden, Norwegen und Finnland.
Nur in Asien werden Wölfe generell angetroffen. Sie besiedeln Länder der ehemaligen UdSSR, die Mongolei, China, Indien, Korea, Afghanistan, Irak, Iran, Türkei, Saudi-Arabien, Syrien und Israel. Leider sind die Daten aus diesen Ländern (mit Ausnahme der ehemaligen UdSSR) fragmentarisch und sehr wenig glaubwürdig.

1.3 Rechtsstatus und Bestand des Wolfes in Polen

Erste historische Dokumente über Wölfe treffen wir in Archiven der Administration des Großherzogtums Posen in der ersten Hälfte des 19. Jahrhunderts an. Man findet dort nicht nur Schriften über die durch Wölfe angerichteten Schäden an Haustieren, sondern auch über Attacken auf den Menschen. Nach diesen Angaben, die wenig glaubwürdig sind, wurden im Jahre 1819 auf dem Gebiet des Kreises Wągrowiec, wo es die meisten Wölfe gab, angeblich 19 Personen zu Tode gebissen (KRAWCZAK, 1969).
In allen verwalteten Landesteilen legte die administrative Macht großen Wert auf die Vernichtung der Wölfe. Die einzelnen Regelungen waren sehr unterschiedlich. Überall dominierten jedoch das Vergiften der Wölfe und die Organisation von gemeinschaftlichen Jagden. Die umliegende Bevölkerung wurde durch ein System von finanziellen Belohnungen für das Töten eines Wolfes zum Kampf mit ihnen ermuntert. Gegenüber denen, die ihre Pflichten, die sich aus den Vorschriften zur Bekämpfung der Wölfe ergaben, nicht erfüllten, wurden manchmal empfindliche Strafen angewendet. Ein Ergebnis dieser Aktivitäten war die beträchtliche Dezimierung dieser Tiere, so daß sie in der Mitte des 19. Jahrhunderts in Groß-Polen und Galizien sehr selten geworden waren. Eine bedeutende Anzahl von Wölfen überlebte noch im russisch besetzten Gebiet, in nordöstlichen Grenzbereichen der polnischen Erde. Im Jahre 1846 kam ein Gesetz des Zaren zur Vernichtung der Wölfe heraus. Die Kreisämter für Finanzen zahlten Prämien. Als sachbezogene Beweise mußte man unbedingt Schwanz und Ohren des getöteten Wolfes vorlegen (HEDEMANN, 1936).
Während des Ersten Weltkrieges breiteten sich die Wölfe erneut in westlicher Richtung bis zum Bug aus und siedelten sich zahlreich in den Karpaten an. Nach der Entstehung des unabhängigen polnischen Staates führte eine Verordnung des Präsidenten der Republik am 3. Dezember 1927 neue Jagdgesetze, einheitlich für den ganzen Staat, ein. Der Wolf wurde als wildes, jagdbares Tier angesehen, das das ganze Jahr gejagt werden durfte. Gleichzeitig wurde er als absoluter Schädling betrachtet, und jeder durfte ihn mit Fangeisen, Fallgruben und Schlingen fangen.
Sporadisch beobachtete man Wölfe in Gebieten, die unsere gegenwärtigen Grenzen einschließen. Aber die überwiegende Mehrheit existierte im Gebiet Krosno und in den Ost-Karpaten. Von dort stammen auch Meldungen

über empfindliche Schäden an Haustieren und über Verletzungen oder sogar das Töten von Menschen. Nach J. EJSMOND, der 1928 den Versuch einer Schätzung des Bestandes an jagdbaren Tieren unternahm, traten im Gebiet der staatlichen Wälder 925 Wölfe auf. Die Anzahl dieser Tiere war jedoch mit Sicherheit bedeutend größer, nach anderen Angaben sogar doppelt so hoch (GODYŃ, 1937). Denn die Mehrheit hielt sich in den ausgedehnten Gebieten der Privatgüter um Krosno auf.

Eine Novellierung des Jagdgesetzes, die in der Mitte der 30er Jahre vorgesehen war und u. a. eine Schonzeit für Wölfe vorsah, rief eine lebhafte Diskussion hervor. Es wurde die vollkommene Ausrottung der Wölfe als besonders schädliche Raubtiere bei Ausnutzung aller Möglichkeiten oder ihre Haltung einzig in Reservaten verlangt. Nur wenige vertraten einen etwas mehr rationalen Standpunkt. Sie unterstrichen den Wert dieser Tierart als emotionales Jagdobjekt (M. PAWLIKOWSKI) oder die Rolle des Wolfes als Bestandteil der Natur (K. WODZICKI).

Letztlich blieb der Status der Wölfe unverändert. Durch die systematisch organisierten Jagden wurden sie gegen Ende der Zeit zwischen den beiden Weltkriegen westlich der Linie Bug, Narva und Bobr praktisch ausgerottet (OKARMA, 1987).

In der Zeit des Zweiten Weltkrieges trat von neuem eine territoriale Expansion der Wölfe ein, und sie überschritten die Weichsellinie. Anfang der 50er Jahre wurde ihr Bestand auf 1000 Exemplare geschätzt.

Aufgelistet wurden dann wieder bedeutende Verluste unter den Zuchttieren, und deshalb unternahm man auf der Grundlage des Jagdgesetzes von 1927 verschiedene Operationen, die das Ziel hatten, die Anzahl der Wölfe zu vermindern. Höhepunkt war der Beschluß des Ministerrates vom 29.1.1955 in bezug auf die Ausrottung der Wölfe, der den Volksräten der Wojewodschaften die Pflicht zur sofortigen Aufnahme ihrer Ausführung auferlegte. Es wurden Belohnungen für das Töten eines Wolfes eingeführt (1000 Złoty im Falle einer individuellen Jagd, 500 Złoty bei gemeinschaftlicher Jagd und 200 Złoty für einen Welpen, der aus dem Nest geholt wurde). Dabei muß man beachten, daß das damals riesige Summen waren. Denn der durchschnittliche Monatslohn in der Industrie z. B. betrug 1955 1100 Złoty (Statistisches Jahrbuch 1956).

Am 6. Dezember 1955 wurde der Wolf von der Liste der jagdbaren Tiere gestrichen, und am 2. Januar 1956 erschien die Verordnung des Ministers für Forstwesen und Holzindustrie (MLiPD), die in den Wojewodschaften Kommissare zur Ausrottung der Wölfe berief und die Anwendung von Gift zuließ. In den Jahren besonders intensiver Aktionen gegen die Wölfe (1956 bis 1959) wurde jährlich eine bedeutende Anzahl von ihnen getötet (Abb. 1.4), z. B. 421 im Jahre 1956, 352 im Jahre 1957 (SIEDLECKI, 1959). Hohe Belohnungen für das Töten eines Wolfes bewirkten, daß den Kommissaren manchmal wolfsähnliche Felle großer Hunde oder ihrer Schädel vorgelegt wurden. Leider ist es gegenwärtig nicht mehr möglich zu beurteilen, in wie vielen Fällen unehrliche Belohnungsjäger Erfolge erzielten. Es gelingt heute nicht mehr, die beträchtliche Anzahl der Wölfe, die im Laufe der Aktionen der Jahre 1955 bis 1959 getötet wurden, zu ermitteln. Das vom 17. Juni 1959 über Zucht und Schutz der jagdbaren Tiere und das Jagdrecht änderten den Rechtsstatus des Wolfes nicht. Er wurde nicht in die Liste der jagdbaren Tiere aufgenommen. Im selben Jahr wurde die „Wolfsplage“ als beherrscht anerkannt. Der Bestand wurde auf etwa 250 Stück geschätzt (SIEDLECKI, 1959). Die Belohnungen für das Töten eines Wolfes wuchsen auf 1200 Złoty im Jahre 1960 und 1500 Złoty im Jahre 1964 an.

Der Bestand der Wölfe wurde kontinuierlich kleiner. Anfang der 70er Jahre fiel er bis auf ungefähr 100 Individuen ab (SUMIŃSKI, 1975a). In dieser Zeit begannen auch immer öfter Stimmen in der Presse, in wissenschaftlichen und populärwissenschaftlichen Veröffentlichungen zu erscheinen, die auf die Notwendigkeit der Einführung einer Schonzeit für diese Art und das Nichtzulassen ihrer vollständigen Ausrottung in Polen hinwiesen (SUMIŃSKI, 1970; BUCHALCZYK, 1972; KLAROWSKI, 1973).

Die Verordnung des Ministers für Forstwesen und Holzindustrie (MLiPD) vom 5. 7. 1973 zur Reduzierung des Wolfsbestandes milderte etwas die Behandlungsweise dieser Art. Die Pflicht zur unmittelbaren Beschäftigung mit der Vernichtung der Wölfe wurde von den Kommissaren der Wojewodschaften auf die Oberförster übertragen, um sie für den Bestand der Wölfe in ihrem Territorium verantwortlich zu machen. Auf dem Gebiet der Wojewodschaft

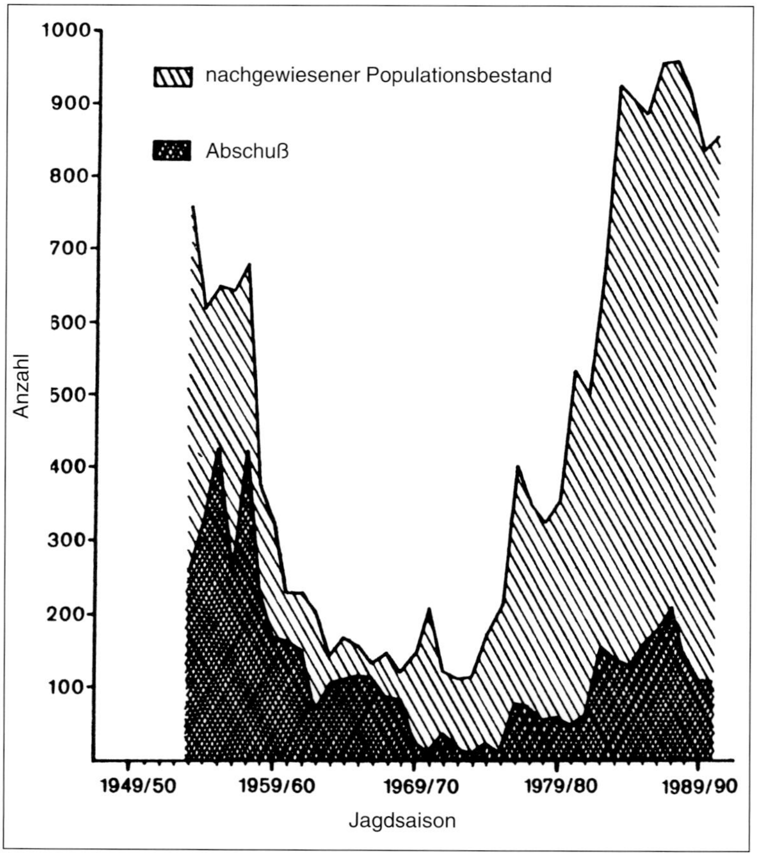

Abb. 1.4
Offizielle Schätzungen des Populationsbestandes und der Anzahl der getöteten Wölfe in Polen.

Rzeszow wurde die Belohnung für das Töten eines Wolfes auf 3000 Złoty angehoben, in den Wojewodschaften Białystok und Lublin erhielt man eine Belohnung von 1500 Złoty. In den übrigen Wojewodschaften, wo es keine Wölfe gab, wurden die Belohnungen abgeschafft. Der durchschnittliche Monatslohn in der Industrie betrug damals 2870 Złoty (Statistisches Jahrbuch 1974). Gleichzeitig wurde das Vergiften von Wölfen verboten.

Durch die Verordnung des Ministeriums für Forstwesen und Holzindustrie (MLiPD) vom 17. November 1975 wurde der Wolf erneut in die Liste der jagdbaren Tiere aufgenommen. Es wurden die Belohnungen für das Töten eines Wolfes abgeschafft und eine Schonzeit (vom 1. April bis 31. Juli) eingeführt. Das Paradoxe lag darin, daß die Schonzeit im ganzen Land mit Ausnahme der Wojewodschaften Krosno, Nowy Sącz und Przemyśl galt. Folglich wurden die Wölfe dort, wo sie in größerer Zahl überlebt hatten, auch weiterhin ausgerottet. Die Schonzeit auf dem Gebiet des ganzen Landes wurde erst durch Verordnung des MLiPD vom 30. Dezember 1981 eingeführt. Ab 1984 wurde den Jägern für das Töten eines Wolfes rückwirkend eine sogenannte Aufwandsentschädigung in Höhe von 5000 Złoty ausgezahlt. Im Jahre 1989 verzichtete man auf die zentrale Festlegung von Belohnungen für das Erlegen von Wild. Das betraf auch den Wolf. Die Ökonomie veränderte also das Verhältnis zu den Wölfen, so daß gegenwärtig der Jäger für das Töten eines Wolfes zahlt und man nicht ihn bezahlt. Beispielsweise mußte man in der Jagdsaison 1989/90 im OZLP Kraków für das Recht, einen Wolf zu jagen, 20 000 Złoty zahlen, und nach einem gelungenen Abschuß noch einmal 200 000d Złoty. Der durchschnittliche Monatslohn betrug damals fast 207 000 Złoty (Statistisches Jahrbuch 1990).

1991/1992 wurden Wölfe auf über einem Drittel der Fläche Polens festgestellt. Nach Angaben des Ministeriums für Umweltschutz, Naturressourcen und Forstwesen umfaßte die Populationsgröße der Wölfe in Polen in den letzten Jahren über 900 Exemplare. Davon wurden jährlich 100 bis 200 durch Jäger getötet (Abb. 1.4).

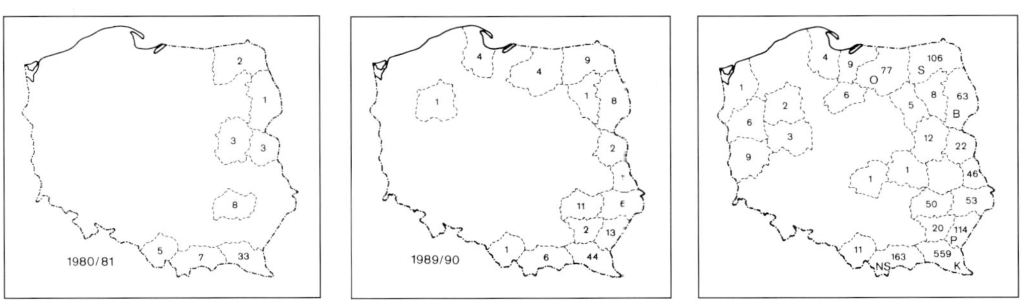

Abb. 1.5
In den Wojewodschaften Polens in den Jahreni 1980/81, 1989/90 und insgesamt von 1980 bis 1990 erlegte Wölfe (Daten des Ministeriums für Umweltschutz, Naturressourcen und Forstwesen)
O: Olsztyn, S: Suwałki, B: Białystok, P: Przemyśl, K: Krosno, NS: Nowy Sącz

Die Art und Weise der Schätzung der Anzahl der Wölfe und die Echtheit der durch sie erhaltenen Daten wecken ernsthafte Zweifel. Deshalb wurden mit dem Ziel der besseren Veranschaulichung ihrer Verbreitung Informationen genutzt, die die Tötungsstelle der Wölfe betreffen (OKARMA, 1989a). Bei gleichem Jagddruck auf die Wölfe auf dem gesamten Landesgebiet erhalten wir sicher ein objektiveres Bild der Verbreitung und der Größe des Bestandes dieser Tierart. Die Analyse der Jagdausbeute sowie der Tötungsstellen (in Anlehnung an die Verwaltungsaufteilung des Landes in Wojewodschaften) zeigt, daß vom Anfang der 80er Jahre an diese Tiere den Radius ihrer Verbreitung vergrößert haben. Die Zusammenstellung der Anzahl der in den Jahren 1980 bis 1990 getöteten Wölfe auf dem Gebiet der einzelnen Wojewodschaften zeigt deutlich zwei wichtige Zentren des Auftretens von Wölfen: südöstlicher Teil des Landes (Wojewodschaft Krosno, Nowy Sącz und Przemyśl) und nordöstlicher Teil (Wojewodschaft Olsztyn, Suwałki und Białystok). Die größte Wolfspopulation existiert in der Wojewodschaft Krosno. Von dort stammen über 40 % aller in den Jahren 1980 bis 1990 in Polen erlegten Wölfe.
1991 wurde vom polnischen Ministerium für Umweltschutz, Naturressourcen und Forstwesen ein neues Naturschutzgesetz herausgebracht. Auf der Grundlage dieses Gesetzes hat jede Administrationseinheit von Polen (Wojewodschaft) das Recht, innerhalb ihrer Grenzen jede Art unter Schutz zu stellen. Als Ergebnis auf den starken Druck aus der Bevölkerung haben von 1992 bis 1994 die meisten Wojewodschaften Polens (eine nach der anderen) den Wolf zur geschützten Art erklärt.
Durch ein Gesetz des Ministeriums für Umweltschutz, Naturressourcen und Forstwesen vom 30. 01. 1995 ist der Wolf seit dem 1. April 1995 fast in ganz Polen geschützt. Nur in drei Wojewodschaften wurde der Wolf weiter gejagt: Krosno, Nowa Sącz und Suwałki. Inzwischen haben jedoch in den Gebieten von Nowa Sącz und Suwałki die lokalen Administrationen den Wolf wieder unter Schutz gestellt. Nur in der Provinz Krosno (Ost-Beskiden) wird er noch 1996 gejagt.
Nach offiziellen Schätzungen (keine gesicherten Angaben!) beträgt die Größe der Wolfspopulation 1996 in Polen 800 bis 900 Wölfe.

Abb. 1.6
Körpermaße und Färbung der Wölfe sind variabel, man unterscheidet daher in Nordamerika, Europa und Eurasien eine große Anzahl von Unterarten (Foto: BARTZ).

Abb. 2.1
Äußeres Erscheinungsbild des Wolfs (Foto: NAS J.L. LEPORE/OKAPIA).

Morphologie

Kapitel 2

2.1 Äußeres Erscheinungsbild

Der Wolf ist ein „Raubtier“, heute meist Beutegreifer genannt, der auch Tiere tötet und frißt, die bedeutend größer sind als er. Das wird sowohl in seinem Äußeren als auch in seinem Körperbau widergespiegelt. Der Wolf ähnelt einem großen Hund (Abb. 2.1). Er hat jedoch einen längeren Rumpf, einen höheren, aber verhältnismäßig schmalen Brustkasten, und die Vordergliedmaßen scheinen in ihn hineingewachsen zu sein.

Lange Beine ermöglichen dem Wolf einen schnellen Ortswechsel im Gelände und im tiefen Schnee, der im Winter den größten Teil des geographischen Verbreitungsgebietes des Wolfes bedeckt. Die Ellenbogen der Gliedmaßen sind nach innen gerichtet und die Füße nach außen. Vorder- und Hinterbein derselben Körperseite bewegen sich in einer Linie. Den hinteren Fuß setzt der Wolf in die vorderen Spuren. Das ist eine Eigenschaft, die ihn vom Haushund unterscheidet. Denn dieser hinterläßt Spuren der vorderen und hinteren Pfoten.

Der Kopf des Wolfes ist groß, hat eine breite Stirn, schräg sitzende Augen und eher kurze Ohren.

Der Schwanz ist buschig, hat etwa ein Drittel Körperlänge und wird in der Regel waagerecht oder ein wenig herabhängend getragen. Auf der oberen Seite des Schwanzes, ungefähr 8 cm vom Ansatz entfernt, befindet sich eine blauschwarze Drüse, die sogenannte „Veilchen- oder Violdrüse“, deren Funktion bisher unbekannt ist.

2.2 Maße und Körpergewicht

Der Wolf ist der größte Vertreter der Familie der Hundeartigen (Caniden). Der Geschlechtsunterschied ist erkennbar, da die Männchen (Rüden) in der Regel etwas größer als die Weibchen sind. GAVRIN und DONAUROV (1954) geben an, daß die Körperlänge (von der Nasenspitze bis zum Schwanzansatz) erwachsener Männchen, die im Białowieza-Urwald erlegt worden waren, zwischen 140,0 cm und 195,0 cm schwankt (Mittelwert: 119,0). Bei den Weibchen (Fähen) dagegen betrug sie zwischen 97,0 cm bis 124,0 cm (Mittelwert: 111,0 cm).

Die Körperhöhe (Widerristhöhe) betrug bei den Rüden 70 bis 90 cm und bei den Fähen 60 cm bis 80 cm. MECH, 1979, gibt für Wölfe in Nordamerika ähnliche Maße an.

In der Mehrzahl der Wolfspopulationen wiegen ausgewachsene Männchen 43 bis 46 kg und Weibchen 36 bis 39 kg (BIBIKOW, 1985). Obwohl vereinzelte

Individuen erheblich schwerer sein können, übersteigt nur selten die Körpermasse der Männchen 55 kg und die der Weibchen 45 kg (MECH, 1970). Bis 80 kg schwere Rüden und 55 kg schwere Fähen konnten in Minnesota angetroffen werden. Der größte auf Alaska getötete Rüde wog 79 kg (MECH, 1974a). HEPTNER u. a. (1967) stellten fest, daß ausnahmslos große Rüden auf dem Territorium der UdSSR bis 80 kg Körpermasse erreichen konnten. Als Bestätigung der Bergmannschen Regel sind Wölfe um so größer und schwerer, je weiter im Norden sie vorkommen. Zum Beispiel erreichen Rüden in Israel im Gegensatz zu den großen nordischen Wölfen nicht einmal 30 kg und Fähen nicht einmal 25 kg (MENDELSSOHN, 1982).
Bei den Weibchen wurden jährliche, zyklische Schwankungen der Körpermasse bis zu vier Kilogramm festgestellt: ihre Körpermasse war im Januar–Februar am größten und im Juli–August am kleinsten (SEAL, 1983 u. a.).
Von 152 in den Ost-Beskiden, den Niederen Beskiden und in den Sądecki-Beskiden in den Jahren 1980 bis 1986 getöteten Wölfen schwankte die Körpermasse ausgewachsener Männchen zwischen 35 kg und 67 kg. Dagegen waren Weibchen durchschnittlich um 20 % leichter (27 kg bis 50 kg). Zwischen den Geschlechtern einjähriger Individuen wurden keine wesentlichen Unterschiede festgestellt: Männchen wogen zwischen 19 kg und 35 kg, Weibchen zwischen 20 kg und 35 kg (OKARMA, 1989a). BUCHALCZYK (1984) gibt an, daß die Körpermasse von 19 Weibchen zwischen 32 kg und 65 kg lag, dagegen von 34 Männchen zwischen 30 kg und 70 kg.

2.3 Das Haarkleid

Die Färbung von Wölfen ist sehr unterschiedlich. Diesbezüglich stellen die Wölfe eine der Säugetierarten mit den meisten Varianten dar. Im geographischen Verbreitungsgebiet des Wolfes trifft man weiße, cremefarbene, dunkle, gelbliche, rötliche, graue und schwarze Individuen. Im Norden zeichnet sich die Farbe der Wölfe durch größere Veränderlichkeit aus. Oft trifft man schwarze und weiße Individuen. In der gemäßigten Klimazone, also auch in Polen, überwiegt die graue Farbe.
Das Fell der Wölfe besteht aus verschieden gefärbten Haaren: weißen, schwarzen, grauen und braunen. Dunklere Haare überwiegen längs der Rückenmitte und des Schwanzes. Dagegen sind Bauch, Beine, Ohren und die Schnauze gewöhnlich nur dunkel getönt. Alte Wölfe sind oft grauer gefärbt als jüngere (MECH, 1970).
In der Literatur vom Anfang des 20. Jahrhunderts werden Abweichungen von der grauen Färbung polnischer Wölfe genannt. Sehr selten wurde Albinismus festgestellt. Dagegen erinnern ŚWIĘTORZECKI (1926) in der Monographie „Wolf“ (polnisch „Wilk“) und NIEZABITOWSKI (1910) in „Schlüssel zur Bestimmung der Wirbeltiere Polens“ (in polnisch) an schwarze Wölfe.
Das Fell des Wolfes setzt sich aus drei Arten von Haaren zusammen: Leithaar (Deckhaar), Grannenhaar und Daunenhaar (Unterwolle). Die Dicke der Haarbedeckung im Winter erreicht 6,6 cm. Sie schützt den Körper vortrefflich vor Wärmeverlust, auch bei sehr tiefen Temperaturen. Die Haare

wachsen in Büscheln, die sich aus vielen Daunenhaaren und einem Leithaar zusammensetzen. Sie wachsen aus einem Haarschaft heraus. Drei Büschel verbinden sich zu einer Gruppe. Und die Gruppen bilden unregelmäßige Reihen. Bei den Vertretern der Hundeartigen sind die Haarreihen in „Strähnen", die sich nach verschiedenen Seiten neigen, angeordnet. Auf dem Rücken des Tieres bilden sich diese Reihen in der Regel vom Kopf in Schwanzrichtung und von der Rückenmittellinie zu den Seiten. Dagegen sind sie auf der Bauchseite sehr unregelmäßig angeordnet (HILDEBRAND, 1952).
Die spezielle Anordnung der Haare auf dem Rücken und an den Körperseiten schützt den Wolf vor Regen und Schnee. Drei Schichten langer Haare (bis 13 cm) liegen dachziegelartig übereinander: die erste auf dem Nacken, die nächste über den Schultern, und die letzte reicht bis zum Schwanzansatz. Aufgrund dieser Anordnung fließt das Wasser wie von einem steilen Schrägdach ab. Die Reihe der langen Haare entlang der Rückenmitte (bis 17 cm), vom Nacken bis zum Ende der Schultern, bildet die sogenannte Mähne. Der Wolf sträubt sie in Situationen der Aggression und des „Zorns".
Spezielle Haare umgeben die Violdrüse. Sie sind sehr steif, haben schwarze Enden und unterscheiden sich deutlich vom übrigen Fell. GOLDMAN (1944) behauptet, daß der Wolf nur einmal im Jahr das Fell wechselt und der Fellwechsel sich über längere Zeit im Sommer hinzieht, wenn neue Haare die verlorenen ersetzen. Im Herbst hat der Wolf einen schon vollkommen veränderten Pelz. NOVIKOV (1956) hingegen gibt an, daß Wölfe das Fell zweimal wechseln, einmal Mitte April und ein zweites Mal von August bis September. Es scheint möglich, daß dieser Prozeß in verschiedenen geographischen Breiten unterschiedlich abläuft. Wölfe, die in der gemäßigten Zone leben, also auch in Polen, wechseln ihr Fell stufenweise. Sie verlieren das dicke Winterfell im Laufe von etwa zwei Monaten (April – Mai). Der erneute Nachwuchs der Winterbedeckung beginnt im August. Und schon im Herbst trägt der Wolf den Winterpelz (B. BRANQUART-GRAND' HENRY, mündliche Information).

2.4 Körperbau

Die inneren Organe des Wolfes werden wie bei anderen Wirbeltieren durch das Skelett zusammengehalten und geschützt. Die Knochen sind entlang der Wirbelsäulenachse symmetrisch angeordnet.
Die Wirbelsäule des Wolfes setzt sich aus 5 Abschnitten zusammen: 7 Halswirbel, 13 Brustwirbel, 7 Lendenwirbel, 3 Kreuzwirbel, die zu dem Kreuzbein zusammengewachsen sind, und 20 bis 23 Schwanzwirbel. Von den Brustwirbeln ausgehend verlaufen auf jeder Seite je 13 bogenförmig gekrümmte Rippen. 9 Rippenpaare sind unmittelbar mit dem Brustbein verbunden, 3 Paare vermittels des knorpligen Rippenbogens, und das letzte Paar endet frei in der Muskelwand.
Die vorderen Gliedmaßen sind mit der Wirbelsäule über das Schulterblatt verbunden, die hinteren über das Becken (Abb 2.2).

Der Schädel des Wolfes ist länglich. In seinem hinteren Teil befindet sich die Hinterhauptsöffnung, durch sie verläuft das Rückenmark bis zum Gehirn. Der Gesichtsschädel ist länger als der Teil des Schädels, in dem sich das Gehirn befindet. Das Hirnvolumen des Wolfes beträgt 150 bis 170 Kubikzentimeter, 30 Kubikzentimeter mehr als bei der Mehrzahl der Hunde (KLATT, 1913). Ein charakteristisches Merkmal des Schädels ist der äußere Sagittalkamm, der die Ansatzstelle des Unterkiefermuskels bildet. Dieser „Kamm" verlängert sich vom Zwischenscheitelbein nach vorn und gabelt sich in dem äußeren Stirnkamm. Die Jochbögen sind relativ weit nach den Seiten ausgewölbt, besonders bei älteren Individuen. Der Unterkiefer ist sehr kräftig. Er setzt sich aus zwei symmetrischen Unterkieferknochen zusammen, dem rechten und dem linken, die im Laufe der Individualentwicklung sehr spät oder gar nicht zusammenwachsen. Die Grundmaße der Wolfsschädel vom Gebiet Polens stellt die Tabelle 2.1 dar.
Ein charakteristisches Merkmal der Raubtiere ist das Auftreten des Penisknochens im Penis. Die Länge dieses Knochens beträgt bei erwachsenen Wölfen 118,0 mm bis 160,0 mm (SUMIŃSKI, 1966). Das Verdauungssystem umfaßt die Mundhöhle, die Speiseröhre, den Magen, den Dünndarm und den Dickdarm, wo die Formung des durch den After auszuscheidenden Kotes erfolgt. Der Magen-Darm-Kanal des Wolfes ist, wie bei anderen fleischfressenden Gattungen, bedeutend kürzer als bei Pflanzen- oder Allesfressern. Fleischnahrung, reich an Nährstoffen, erfordert keine komplizierte Aufbereitung. Lockere Wangen, eine breite Mundöffnung sowie die Vorderbackenspalte erklären die Tatsache, daß der Wolf (wie auch der Hund) flüssige Nahrung schlabbernd aufnimmt. Er kann nämlich keinen Unterdruck in der Mundhöhle entwickeln, um Flüssigkeit aufzusaugen. Die fleischige Zunge mit rauher Oberfläche erlaubt dem Wolf das Auflecken der kleinsten Fleischteilchen vom Knochen. Die Wände der Speiseröhre sind

Tabelle 2.1 Grundmaße (in mm) von Wolfsschädeln aus den Ost-Beskiden und den Niederen Beskiden (Mittelwert sowie Minimum und Maximum) (Okarma, unveröffentlicht)

Parameter	Weibchen (N = 57)		Männchen (N = 879)	
	$\bar{X}$	(min-max)	$\bar{X}$	(min-max)
1) Condylobasallänge	227,8	(216,0–243,0)	239,1	(216,5–257,3)
2) Maximale Breite der Jochbeinlücken	133,2	(119,3–143,2)	141,4	(124,1–157,7)
3) Mastoidbreite	79,4	(73,5–84,9)	82,5	(64,1–90,9)
4) Höhe des Hirnschädels (gemessen über Hörmuscheln)	81,4	(74,5–90,9)	85,0	(75,0–94,0)
5) Länge der oberen Zahnreihe (C1–M2)	100,8	(93,8–116,3)	104,5	(94,4–118,0)
6) Länge des Unterkiefers	178,6	(165,4–190,0)	188,9	(170,0–203,9)
7) Höhe der Unterkieferzweige	70,6	(63,2–77,1)	75,7	(67,0–86,2)

sehr dehnbar, was dem Wolf das Schlucken großer Nahrungsbissen auch mit Knochenstückchen erleichtert.
Der Magen ist im Verhältnis zur Körpergröße sehr groß. Sein Inhalt kann 9 Liter erreichen. Es ist ein einfacher Einkammer-Magen. Er ist auf der ganzen Innenfläche mit Schleimhaut beschichtet, die mit Drüsen ausgestattet ist. Der Dünndarm ist kurz, und seine Schleimhaut besitzt verhältnismäßig lange, dünne Darmzotten, die die Absorptionsfläche des Darmes vergrößern. Der Dickdarm ist nur unbedeutend dicker als der Dünndarm. Er ist glattwandig und verhältnismäßig kurz. Die vollständige Darmlänge des Wolfes erreicht das 5fache der Gesamtkörperlänge (maximal 7 m) (KRYSIAK, 1975).
Die rotbraune Leber ist in eine Reihe von Lappen mit tiefen Einschnitten eingeteilt. Die Nieren haben Bohnenform. Sie befinden sich an beiden Seiten der Wirbelsäule in der Höhe der letzten Rippe und sind etwas nach hinten verschoben. Die Harnblase hat ein besonderes Merkmal. Denn ob sie gefüllt ist oder nicht, ragt sie aus der Beckenhöhle heraus in die Bauchhöhle. Ein charakteristisches Merkmal aller Fleischfresser ist das Vorhandensein eines maximal erweiterten großen „Netzes". Das ist ein abgeflachter durchsichtiger Beutel, der ähnlich wie eine Schürze die Gedärme der Bauchhöhle von der Bauchseite und an den Seiten bedeckt. Er reicht vom Magen bis zum Beckeneinlaß. Und einzig der Zwölffingerdarm, die Milz und die Blase sind nicht damit bedeckt. Das Innere der Wände des Bauchfells wird von Fettgewebe in Gestalt von streifenförmigen Fettablagerungen, die die Blutgefäße in der typischen maschenähnlichen Anordnung begleiten, durchdrungen. Das Fettgewebe des Bauchfells hat Vorratscharakter. Seine Anwesenheit erleichtert die Darmperistaltik und wirkt thermoregulierend auf die Gedärme (KRYSIAK und ŚWIEŻYŃSKI, 1983).

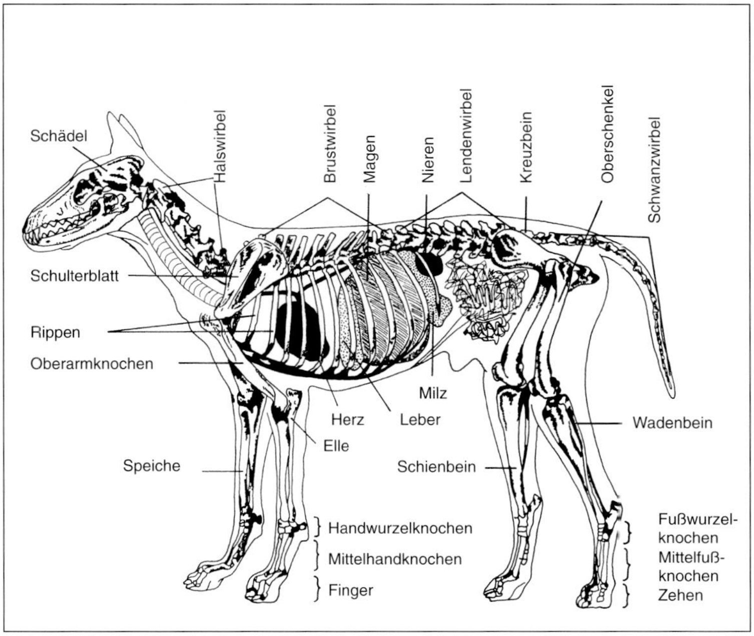

Abb. 2.2
Das Skelett und die inneren Organe des Wolfes.

Das Zwerchfell trennt die Bauchhöhle vom Brustkorb, in dem sich Herz und Lunge befinden. Die dunkelrote Lunge ist asymmetrisch. Der rechte Lungenflügel ist größer als der linke. Das Herz hat Kugelform mit schwach angedeuteter Spitze. Die Plazierung der wichtigsten Körperorgane stellt die Abbildung 2.2 dar.

2.5 Das Gebiß

Die Zähne des Wolfes sind ähnlich wie bei anderen Säugern in Zahnfächer (Alveolen) eingesetzt. Die Alveolen wiederum befinden sich in dem knöchernen Alveolarfortsatz des Ober- und Unterkiefers. Der Grenzbereich zwischen dem Teil des Zahnes, der über das Zahnfleischniveau herausragt, der Krone, und dem Teil, der im Zahnfleisch steckt, der Wurzel,

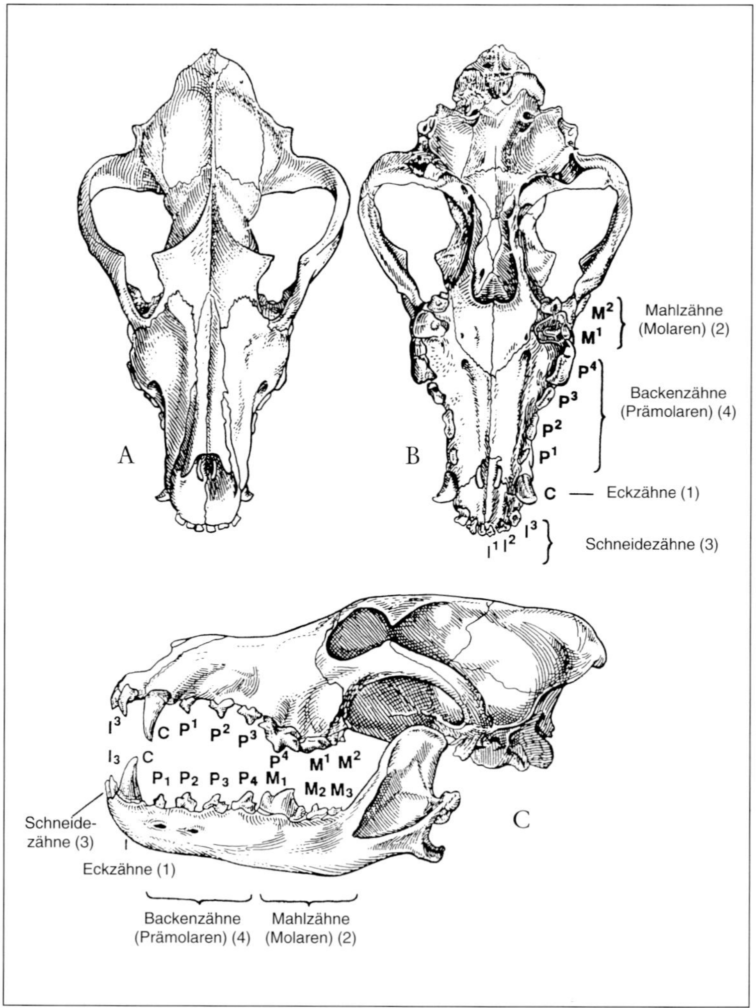

Abb. 2.3
Wolfsschädel: A: Ansicht von oben. B: Ansicht von unten. C: Ansicht von der Seite. Zahnsymbole.

wird Zahnhals genannt. Er ist vom Zahnfleisch ringförmig umgeben. Die Zähne bestehen aus einer harten Substanz, dem Dentin. Im Kronenbereich ist diese Substanz mit dem noch härteren Zahnschmelz bedeckt.
Im Innern des Zahnes befindet sich ein Hohlraum, die Zahnhöhle, der mit dem Zahnmark, Pulpa, ausgefüllt ist. Die Wurzel ist von außen mit einem dünnen Mantel umgeben, der aus einer Substanz besteht, die Zement genannt wird.
In den Reihen des Ober- und Unterkiefers unterscheidet man folgende Zahnarten: beginnend von oben: Schneidezähne oder Incisisi (in der anatomischen Terminologie mit I bezeichnet), Eckzähne oder Canini (C), Vorbackenzähne oder Prämolaren (P) und Backenzähne oder Molaren (M) (Abb. 2.3). Die Anordnung sowie die Anzahl der Zähne in beiden Zahnbögen wird bei den einzelnen Säugetiergattungen vereinbarungsgemäß in einer Zahnformel dargestellt, in der Schreibweise eines Bruches. Im Zähler gibt man die Anzahl der unterschiedlichen Zähne des Oberkiefers an, im Nenner die unterschiedlichen Zähne des Unterkiefers. Es werden jeweils die zu einem halben Kieferbogen gehörenden Zahlen aufgeschrieben, weil die Reihenfolge der Zahnanordnung auf beiden Seiten des Ober- und Unterkiefers identisch ist. Die Gesamtzahl bekommt man, wenn man mit 2 multipliziert. Die Zahnformel des Wolfes lautet folgendermaßen:

Milchgebiß

$\underline{I\;C\;P}$

$\frac{3\;1\;3}{3\;1\;3}$ x 2 = 28 Zähne

Dauergebiß

$\underline{I\;C\;P\;M}$

$\frac{3\;1\;4\;2}{3\;1\;4\;3}$ x 2 = 42 Zähne

Die Schneidezähne dienen dem Wolf zum präzisen Abknabbern des Fleisches von den Knochen, ihre kurzen Kronen (mit charakteristischen Höckerchen) sind durch deutliche Hälse von den langen Wurzeln getrennt. Die oberen Schneidezähne sind größer als die unteren. Im Vergleich untereinander werden die Schneidezähne, beginnend mit dem vorderen (I) über den mittleren (II) zum hinteren (III), immer größer. Bei geschlossenen Kiefern sind die unteren Schneidezähne im Verhältnis zu den oberen etwas nach hinten gezogen.
Die Eckzähne des Wolfes sind bedeutend größer als die anderen Zähne (bis zu 5,7 cm lang) und dienen zum Schnappen und Festhalten der Beute (Abb. 2.4). Die oberen Eckzähne sind stärker entwickelt als die unteren. Beinahe zwei Drittel der Eckzahnlänge entfallen auf die Wurzel, die an der breitesten Stelle dicker ist als die breiteste Stelle der Krone dieses Zahnes. Die Krone eines Eckzahnes kann man deshalb als Spitze eines Kegels betrachten, dessen Grundfläche im Zahnfach (Alveole) liegt. Dies verstärkt die Wirkung der Eckzähne. Zusätzlich sind sie in Richtung zum Rachen gekrümmt und seitlich abgeflacht. So wird der Deformationskraft entgegengewirkt, die beim gewaltsamen Reißen der Beute auftritt. Die oberen Eckzähne sind beinahe senkrecht angeordnet, und nur deren Spitzen biegen sich unerheblich zur Seite. Die unteren Eckzähne sind dagegen schräg nach außen und nach oben angeordnet (KRYSIAK, 1975).

Die Prämolaren werden im Vergleich miteinander vom vorderen zum hinteren immer größer. Bei geschlossenen Kiefern berühren sich die oberen und unteren Prämolaren nicht, und es entsteht die Backenzahnkluft oder -spalte.
Der Wolf hat im Ober- und Unterkiefer ungleich viele Molaren, im Oberkiefer sind es zwei, der erste (M^1) ist beinahe doppelt so groß wie der zweite (M^2). Im Unterkiefer sind es dagegen drei, jeder ist anders gebaut und geformt. Der erste (M_1) ist der stärkste, ungefähr dreimal so groß wie der zweite (M_2). Der dritte (M_3) ist der schwächste. Er hat nur eine kurze Wurzel und eine reduzierte Krone. Die scharfen kegelförmigen Spitzen der Mahlzähne sind in eine Struktur eingereiht, die an die Zähne einer Säge erinnert.
Der gewaltig entwickelte erste untere Molar (M_1) sowie auch der kräftige oben über ihm angeordnete Prämolar (P^4) werden Reißzähne genannt. Diese Zähne sind entschieden stärker als die übrigen Backenzähne (s. Abb. 2.3). Die Krone des oberen Reißzahnes greift scherenartig in die äußere Fläche der Krone des unteren Reißzahnes ein. Das verschafft dem Wolf die Möglichkeit, die Knochen in der Fleischnahrung zu brechen und zu zerkleinern, wie auch das Abreißen der Stücke zum Verschlucken (BIBIKOW, 1985).
In der Individualentwicklung treten wie bei anderen Säugetieren zwei Generationen von Zähnen auf: das Milchgebiß und das Dauergebiß. Die Zeit des Zahnwechsels ist gattungsspezifisch und ermöglicht eine Aussage über das Alter jedes Individuums. Tabelle 2.2 stellt die Zeit des „Zahnens" und

Abb. 2.4
Drohmimik. Die Eckzähne des Wolfs dienen zum Ergreifen und Festhalten der Beute (Foto: N. REINHARD /OKAPIA).

des Zahnwechsels beim Hund dar. Aufgrund der nahen Verwandtschaft von Hund und Wolf kann sie auch auf den Wolf bezogen werden.
Die ersten Prämolaren unterliegen nicht dem Wechsel, die Molaren ebenfalls nicht. Die Prämolaren werden formal zur zweiten Zahngeneration gezählt, doch in Wirklichkeit sind sie in der Entwicklung verspätete Milchzähne. Sie erscheinen so spät, weil es ihnen an Platz in den noch schwach entwickelten Kiefern fehlt (LUTNICKI, 1972).
Beim Wolf werden verhältnismäßig oft Unregelmäßigkeiten und Anomalien der Zahnbildung angetroffen, von denen man unterscheiden kann: Polydontie (zu große Anzahl von Zähnen im Vergleich zur Zahnformel), Oligodontie (zu kleine Anzahl von Zähnen) und andere Veränderungen, die im Vergleich zur Zahnformel auftreten. Unter 444 Wolfsschädeln aus den slowakischen Karpaten traten bei 27,7 % Anomalien auf (HELL und DURIČKA, 1989). Die Untersuchungen von 245 Wolfsschädeln aus dem Gebiet Polens und dem östlichen Teil des Białowiezaurwalds zeigten in 25 Fällen (10,7 %) Veränderungen (BUCHALCZYK u. a., 1981). Unter 155 Wolfsschädeln aus den Ost- und Niederen Beskiden, untersucht durch den Autor, wurde das Auftreten von Anomalien in 39 Fällen festgestellt (25 %), davon zwei Drittel im Unterkiefer. Meistens war es das Fehlen des ersten (P_1), oder auch des zweiten (P_2) oder auch beider sowie des dritten Molaren (M_3). Bei diesen Untersuchungen wurde das Auftreten zusätzlicher Prämolaren zwischen P_1 und P_2, sowie auch eines zusätzlichen Molaren (M_3) im Kiefer festgestellt.

Tabelle 2.2 Zahnen und Zahnwechsel beim Hund (nach LUTNICKI, 1972)

Zähne	Zahnen Alter	Zahnwechsel im Alter	Dauerzähne
Schneidezähne			
Id 1/1			I 1/1
Id 2/2	4–6 Wochen	3–5 Monate	I 2/2
Id 3/3			I 3/3
Eckzähne			
Cd 1/1	3–5 Wochen	5–7 Monate	
Backenzähne			
P 1/1	4–5 Monate	werden nicht gewechselt	
P 2/2			
P 3/3	5–6 Wochen	5–7 Monate	
P 4/4			
Mahlzähne			
	4–5 Monate		
	5–6 Monate	werden nicht gewechselt	
	6–7 Monate		

(Id und Cd bedeuten Milchzähne. Anmerkung der Bearbeiterin)

2.6 Altersbestimmung

Die Altersbestimmung ist eine der ersten Aufgaben, die gemacht wird, um die innere Struktur und die Ökologie der Population einer Tiergattung zu erkennen. Dadurch wird einer der wichtigsten Populationsparameter ermittelt, und zwar die Altersstruktur. Das ist besonders wesentlich für Arten, die ein Objekt der jagdlichen Tätigkeiten des Menschen bilden. Denn die Kenntnis der Altersstruktur unterstützt die redliche Bewertung des Populationsbestandes. Sie wiederum bildet die Grundlage der Festsetzung des Gewinnplanes der Jagdwirtschaft.
Die Methode der Bestimmung des Alters eines Tieres sollte einfach sein, damit jeder Jäger ein Individuum der entsprechenden Alterskategorie zuordnen kann. Sie sollte praktikabel sein, das heißt keine unerläßlichen, komplizierten Apparaturen erfordern und nicht zeitintensiv sein. Sie sollte universal sein, um sie zu Vergleichsuntersuchungen heranziehen zu können. Und sie sollte angemessen genau sein (HABERMEHL, 1961; LOCHMANN u. a., 1987). Für den Wolf ist es bis heute nicht gelungen, eine Methode zu erarbeiten, die alle diese Eigenschaften hat. Die existierenden Methoden der Altersbestimmung des Wolfes sind entweder sehr einfach und ungenau oder liefern zwar hohe Genauigkeit, sind aber zu kompliziert. Es werden folgende Methoden der Altersbestimmung angewandt:

Methode, die sich auf den Austausch der einzelnen Zähne stützt Diese Methode erlaubt nur bei sehr jungen Individuen die Altersbestimmung, ungefähr bis zum 7. Lebensmonat. Das heißt, bis zu der Zeit, wenn die letzten bleibenden Zähne durchbrechen (LUTNICKI, 1972). Sie ist jedoch nicht auf alte Tiere anwendbar, wodurch ihre Nützlichkeit sehr begrenzt ist.

Kombinationsmethode (GURSKIJ, 1973) Diese Methode stützt sich auf die Ausnutzung morphologischer Eigenschaften des Schädels, die sich zusammen mit dem Alter des Wolfes ändern. Sie wird hier angewendet unter Beachtung:
- des Grades der Verknöcherung des Schädels und des Zusammenwachsens der Schädelnähte (junge Individuen haben feine Schädelknochen, die Schädelnähte sind gut sichtbar und noch nicht vollständig zusammengewachsen);
- des Verschiebens des Reifens des Zahnfaches (bei jungen Individuen liegt dieser Reifen auf der Grenze des Zahnfaches und schiebt sich mit dem Alter beträchtlich darüber);
- der Größe und der Abnutzung der Zähne (alte Individuen haben große Zähne, einige kräftig abgerieben, oft mit Spuren mechanischer Beschädigungen).

Diese Methode berücksichtigt einige Eigenschaften, von denen jede individuell verändert ist und nicht skalenmäßig erfaßt werden kann. Deshalb ist auch die Schätzung des Alters auf ihrer Grundlage subjektiv und mit einem großen Fehler belastet.

Methode, die sich auf den Grad der Verknöcherung der Knochen der langen Extremitäten stützt Im Anfangsstadium des Lebens eines Tieres wachsen die Knochen der langen Extremitäten auf ihre volle Länge von einem Ende zum anderen (dem nahen und dem fernen) aus einem knorpligen Kern heraus. Wo der Kern die beiden Knochenenden verbindet, an der Ansatzstelle der beiden Teilstücke, ist eine Knorpelfuge deutlich sichtbar. Diese Fuge ist in der Armspeiche unweit der Stelle der Gelenkverbindung mit dem Knochen des Handgelenks am deutlichsten zu erkennen. Die Extremitätenknochen hören in einem Alter von etwa 12 Monaten auf zu wachsen, und beide Teile des Knochens verschmelzen miteinander, und die Wachstumsstelle wird unsichtbar. Diese Methode erlaubt deshalb nur die Unterscheidung der Jungwölfe von Erwachsenen (RAUSCH, 1967).

Methode, die sich auf die Anzahl der Zementschichten im Querschnitt des Zahnes stützt Wie schon erwähnt, sind die Zahnwurzeln mit einer dünnen Zementschicht bedeckt. Mit dem Alter werden im Zement nach außen regelmäßig jährliche Zuwachsschichten abgelagert, was in dieser Methode ausgenutzt wird. Man präpariert einen ganzen Zahn (am besten einen Eckzahn) aus dem Schädel heraus, schneidet die Wurzel ab und unterwirft sie einer Entkalkung (z. B. in einer 10%igen Salzsäure). Wenn die Wurzel vollständig weich ist, macht man von ihr Schnitte von einigen Mikrometern Dicke, die dann mit geeigneten Farben eingefärbt werden. Unter dem Mikroskop sind dann dunkle Schichten des freiwachsenden Gewebes sichtbar (am häufigsten in der Winterperiode). Diese trennen deutlich die jährlichen Zuwächse an Zement (KLEVEZAL, 1988). Diese Methode erlaubt eine sehr genaue Altersschätzung (bis auf ein Jahr), obwohl sie in hohem Maße von der Erfahrung des Schätzers abhängig ist. Die die Jahreszuwächse trennenden Schichten bilden nicht immer regelmäßige, zusammenhängende Streifen. Darüber hinaus sind auf dem Schnitt nicht nur charakteristische, zutreffende Schichten sichtbar, sondern auch vermeintliche, nicht zutreffende (GRUE u. JENSEN, 1979). Eine Person, die mit dieser Methode vertraut ist, schätzt in über 85 % der Fälle das Alter bis auf ein Jahr genau ein. Eine Person ohne Erfahrung bestimmt das Alter in kaum einem Viertel der Fälle richtig (GOODWIN u. BALLARD, 1985).

Leider ist in Polen die Möglichkeit, diese Methode anzuwenden, sehr begrenzt. Denn die Jäger befürchten, daß das Herauspräparieren eines Zahnes den Schädel beschädigen kann, da er als wertvolle Trophäe gilt. Obwohl die Wahrscheinlichkeit solcher Beschädigung gering ist und der Zahn wieder sachgerecht eingesetzt werden kann, ist es schwer, die Befürchtungen der Trophäenbesitzer zu überwinden.

Die oben beschriebenen Methoden zur Altersbestimmung von Wölfen beziehen sich nur auf getötete Individuen. Es scheint, als sei es unmöglich, eine Methode zur Alterseinschätzung freilebender Tiere zu erarbeiten. Einzig auf der Grundlage des Größenunterschiedes der Körper kann man junge Wölfe bis zum ersten Lebensherbst von erwachsenen Individuen unterscheiden. Danach verwischt sich dieser Größenunterschied. Unter erwachsenen Wölfen werden nur Geschlechtsunterschiede sowie individuelle Variabilitäten erkennbar.

2.7 Unterschiede zwischen Wolf und Hund

Bekannt sind über 400 Rassen von Haushunden. Alle Rassen haben den Wolf zum Stammvater. Jede Rasse ist infolge Selektion durch den Menschen entstanden, nachdem sie in prähistorischer Zeit von Jägern gezähmt wurden. Der Prozeß der Domestizierung des Wolfes begann höchstwahrscheinlich vor mindestens 12 000 Jahren (CLUTTON-BROCK, 1987).

Der Wolf zeigt im Gegensatz zu den Hunden relativ wenig Varianten. Im Gegensatz zu den sich äußerlich sehr stark vom Wolf unterscheidenden Rassen wie Pinscher und Bulldogge ähneln Deutscher Schäferhund, Malamute, Husky und Layka dem Wolf schon sehr. Es kann vorkommen, daß sich Wölfe mit diesen wolfsähnlichen Rassen kreuzen und deren Nachkommenschaft kaum von Wölfen zu unterscheiden ist. Es ist deshalb oft schwer festzulegen, ob es sich immer um einen 100%igen Wolf handelt. Dagegen ist die entgegengesetzte Frage, ob es sich um einen Hund handelt, in der Regel leicht zu beantworten. Diese Frage wird seit Jahren stark diskutiert.

Abb. 2.5
Vergleichende Betrachtung zwischen Hund und Wolf
a) Wolf
(Foto: D. ALTMANN)

b) Deutscher Schäferhund
(Foto: L. LENZ/OKAPIA)

c) typische Wolfsgesichter (Foto: H. OKARMA)

Man kann einen Katalog von typischen Unterscheidungsmerkmalen zwischen Wolf und Hund zu Hilfe nehmen: Es wird in zwei Gruppen unterteilt:

Morphologische Unterschiede: Im allgemeinen trägt der Wolf den Schwanz waagerecht oder etwas gesenkt.
Dagegen hält der Hund den Schwanz erhoben, oft auch eingerollt (ILJIN, 1941).
Der Wolf hat eine Violdrüse, diese fehlt beim Hund (HILDEBRAND, 1952).

d) Gesicht des Schäferhunds
(Foto: J.-L. KLEIN & M.-L. HUBERT/OKAPIA)

Die Hinterpfoten setzt der Wolf auf die Spur der Vorderpfoten (s. Abb. 3.1), während der Hund seine Hinterpfoten zwischen die Spur der Vorderpfoten setzt (ILJIN, 1941).
Wölfe haben nur eine Fortpflanzungssaison im Jahr, Hunde meistens zwei. Die meisten Hunderassen haben eine kürzere Schnauze als der Wolf. Nur der Schottische Schäferhund, Colli, hat eine dem Wolf ähnlich lange Schnauze (MECH, 1970).
Außerdem hat der Wolf ein ausdrucksvolles Gesicht aufgrund der breiten Haarbüschel, die nach außen und etwas nach unten gerichtet unterhalb der Ohren wachsen.

Anatomische Unterschiede: Nach den meisten Autoren liegen die Unterschiede zwischen Wolf und Hund vor allem bei Schädelmerkmalen. Besonders auffällig ist die unterschiedliche Größe des Augenhöhlenwinkels, das heißt des Winkels zwischen der Linie, die durch den oberen und unteren Rand der Augenhöhle führt, und der Linie, die längs der Linie des Scheitels des Schädels, senkrecht zu seiner Längsachse (ILJIN, 1941) läuft. Beim Wolf beträgt dieser Winkel 40 bis 45 Grad, bei Hunden 53 bis 60 Grad, beim Deutschen Schäferhund jedoch 50 Grad. Er ist dem Wolf am ähnlichsten (Abb. 2.6).
Ein weiterer Unterschied besteht in Form und Größe der Ohrmuscheln, der typischen Knochengebilde des inneren Ohres. Wölfe haben große, gewölbte und fast kugelförmige Ohrmuscheln, während die der Hunde kleiner und etwas abgeflacht sind. Hier treten aber große individuelle Unterschiede auf.
Ein weiterer Unterschied besteht im Volumen der Gehirnkapsel, das beim Wolf entschieden größer ist.
SUMIŃSKI (1975 b) gibt auf der Grundlage seiner Untersuchungen von 145 Wolfsschädeln und 165 Schädeln großer Hunde bedeutend mehr Unterscheidungsmerkmale zwischen Wolf- und Hundeschädel (Abb. 2.7) an:
1) Die Gestalt des vorderen keilförmigen Teils des Keilbeins (Praesphenoid). Beim Wolf verengt sich dieser Knochen, von der Gaumenseite gesehen, ungefähr in der Hälfte seiner Länge: Das erinnert an das Profil eines Einschusses. Beim Hund hat der Knochen den Umriß eines regulären Keiles.

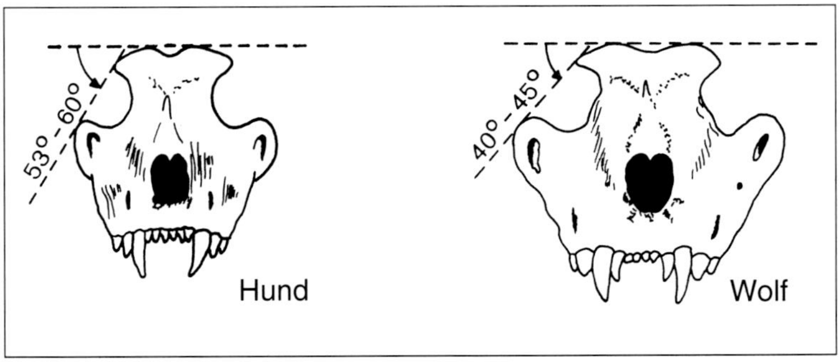

Abb. 2.6
Größe des Augenhöhlenwinkels bei Hund und Wolf (nach ILJIN, 1941)

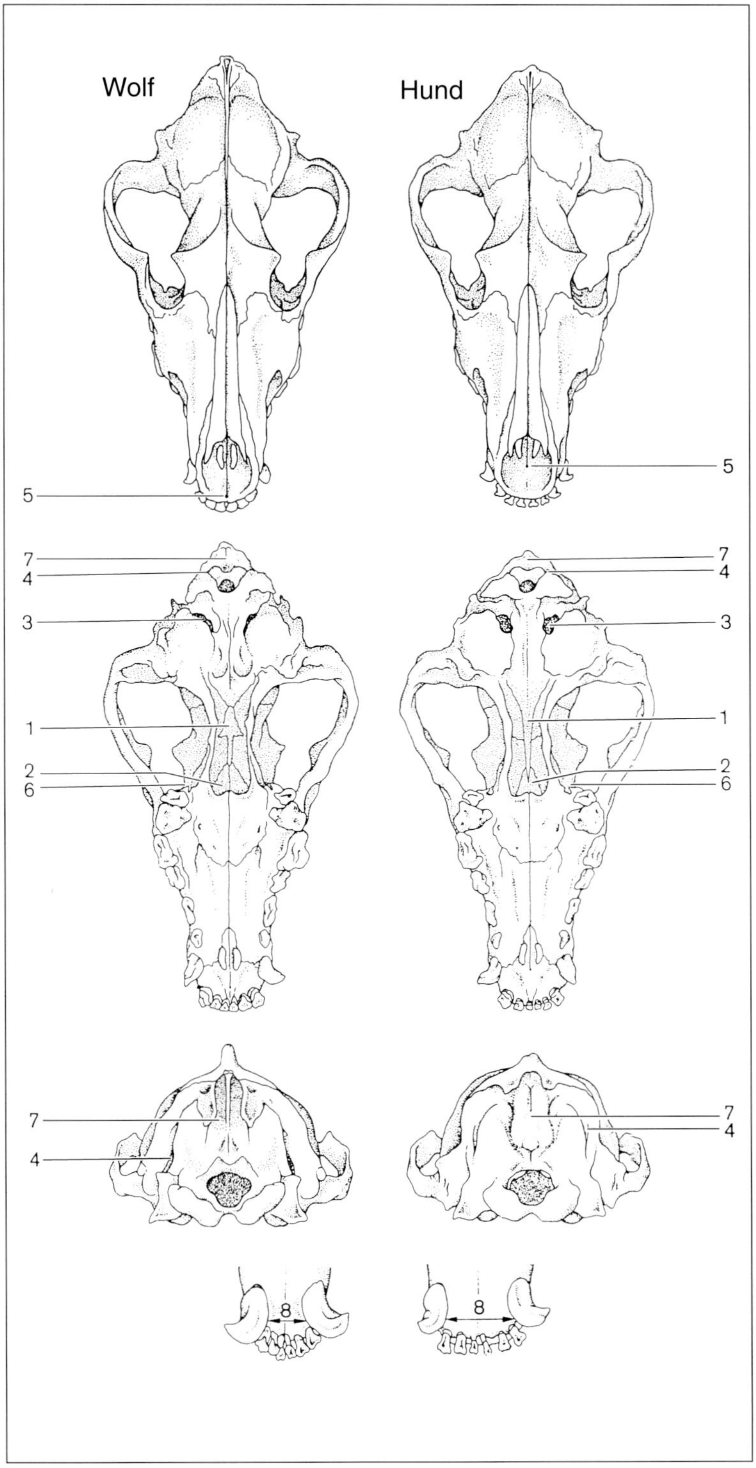

Abb. 2.7
Unterschiede im Bau des Schädels von Wolf und Hund (nach SUMIŃSKI, 1975 b)

2) Die Form der Basis des Pflugscharbeins (Basis vomerus): Beim Wolf ist dieser Knochen deutlich und plötzlich nach den Seiten erweitert, manchmal einseitig, und beim Hund erweitert er sich allmählich.
3) Die Form des Felsbeinspaltes (Fissura petrobasialis): Beim Wolf hat er die Form eines flachen Bogens, beim Hund ist er oval, manchmal schmaler an einem Ende, tropfenförmig.
4) Die Form der Öffnungen über dem Warzenteil der Felsbeinpyramide (Foramen supramastoideum): Sie liegen symmetrisch zu beiden Seiten des Hinterhauptsloches und etwas höher.
Beim Wolf ist diese Öffnung größer, deutlich sichtbar und hat einen unregelmäßigen Umriß. Beim Hund ist sie kleiner, kreisförmig und manchmal schwer sichtbar.
5) Die Lage der Mündung des Zwischenkieferkanals (Canalis incisivus): Beim Wolf liegt diese kleine runde Öffnung nahe der Alveolenlinie der Schneidezähne und beim Hund nahe der Nasenlochlinie.
6) Die Form des Flügelbeinfortsatzes des Oberkieferknochens (Processus pterygoideus maxillae): Beim Wolf ist er ähnlich einem gleichschenkligen Dreieck. Beim Hund ist er gestreckt und tendiert zur Verwachsung mit dem Gaumenknochen.
7) Die Mittelfurche am Nackenschild: Sie tritt nur bei erwachsenen Individuen auf. Sie bildet beim Wolf eine deutlich verlängerte Furche und beim Hund nur eine lokale Wölbung.
8) Die Größe des vorderen Teiles des Unterkiefers und die Anordnung der Schneidezähne: Beim Wolf ist dieser Teil des Unterkiefers verhältnismäßig schmal, und die Schneidezähne sind dicht zueinander angeordnet. Beim Hund ist der Unterkiefer verhältnismäßig breiter, und die Zähne sind in Abständen zueinander angeordnet.

Biologie und Ökologie: Individuum

Kapitel 3

3.1 Lebensweise

3.1.1 Lebensraum

Ursprünglich war die geographische Verbreitung der Wölfe sehr groß. Das zeigt, daß sie hinsichtlich des Umwelttyps sehr anpassungsfähig sind. Die Besiedlung eines Gebietes durch Wölfe hängt vor allem davon ab, ob dort Wasser vorhanden ist und auch Tierarten leben, von denen sich die Wölfe ernähren können. Das Vorhandensein entsprechender Plätze für das Anlegen von Höhlen ist zweitrangig. In Nordamerika lebten die Wölfe in großen Gebieten, vom offenen, mit Bäumen bewachsenen inneren Mexiko, in der Prärie und in den Bergen im Herzen des Kontinents, bis zu den nördlichen Wäldern und Tundren.

In Asien treten die Wölfe in der Tundra, in der Waldtundra des nördlichen Sibiriens, in der Taiga, in den Waldsteppen, in den Steppen, in den Halbwüsten und in den hochgelegenen Regionen (bis 5500 m über NN) des Kaukasus, Altaigebirges und Pamirs auf (BIBIKOW, 1985). Es ist bekannt, daß einige Wölfe auch im südlichen Teil des Kontinents (China, Indien, Afghanistan) vorkommen.

Als Europa vor Jahrhunderten mit Wald bedeckt war, war der Wolf in diesen Lebensraum integriert. Deshalb ist er in unserer Vorstellung ein Waldtier. Überdies konnte der Wolf nur in diesem Lebensraum überleben. Denn mit der wachsenden Bevölkerungsdichte sowie der Expansion von Ackerbau und Viehzucht wurde er gnadenlos ausgerottet.

In Polen tritt der Wolf in Mischwäldern und dichten alten Laubwäldern auf, jedoch unter der Bedingung, daß sie entsprechend ausgedehnt sind und sich in ihnen für Menschen (Jäger) schwer zugängliche Bereiche befinden.

Für die Höhlen wählen die Wölfe entlegene und unzugängliche Plätze aus. Falsch ist die Vorstellung, es gäbe hierfür viele Plätze und Biotope, die die Wölfe im Rahmen der geographischen Reichweite in Anspruch nehmen. Unter den Bedingungen Polens sind das vorwiegend trockene Plätze, inmitten von Morast und Sümpfen, die in waldähnlichem Gebüsch aus Weiden und Schilf gelegen sind, außerdem Talkessel, Mulden, die mit dichtem Unterholz aus Fichten bewachsen sind, unzugängliche Flußinseln mit hochstämmigem Wald und dichtem Unterholz oder Schluchten an Ufern, die mit Himbeeren, Brombeeren, hohen Gräsern und dem Jungwuchs von Fichten oder Tannen bewachsen sind. Die Plätze liegen jedoch immer in der Nähe von Wasser, an Flüssen, Bächen, Quellen, Seen, Mooren und sogar an

tiefen, nicht ausgetrockneten Pfützen (KOWALSKY, 1953). Nicht beunruhigt durch den Menschen, benutzen die Wölfe oft denselben Bau oder die Höhlen über viele Jahre. CARBYN (1975) stellte in Kanada fest, daß dieselben Höhlen ununterbrochen 15 Jahre lang benutzt wurden.
Es scheint, daß der Wolf ähnlich wie andere Tiere, die dem Besiedlungsdruck des Menschen unterliegen, in hohem Maße seine Gewohnheiten und Umweltpräferenzen ändert. In Italien sind die Wölfe ständige Stammgäste auf Müllkippen der Dörfer. Sie finden dort immer Nahrungsreste. Sehr häufig paaren sie sich dort mit Hunden. So ist eine zahlreiche Nachkommenschaft von Hybriden entstanden. Es besteht die große Gefahr, daß dort der Wolf als reine Art verschwindet (BOITANI, 1982).
In Polen beobachten wir, daß sich Wölfe in Wäldern zeigen, in denen sie über viele der letzten Jahre nicht auftraten, in Wäldern, die intensiv vom Menschen betreten werden, manchmal auch in der Nähe großer Städte wie Gdańsk und Toruń (ANDRZEJEWSKI u. WOŁK, 1988).

3.1.2 Sinne

Der Jagderfolg des Wolfes hängt für sein Überleben in hohem Maße von seinem Geruchssinn ab. Der Geruchssinn des Wolfes ist überaus empfindlich. Seine Wechselbeziehungen mit der Umwelt werden vor allem über Geruchssignale aktiviert. Der Empfindlichkeitsbereich auf Geruchsreize, der sich im Innern der Nasenhöhle befindet, ist flächemäßig 14mal größer als beim Menschen. Die Fähigkeit zur Geruchswahrnehmung des Wolfes ist nach MECH (1970) über 100mal größer und nach CURTIS (1979) sogar millionenmal größer als die des Menschen.
Wölfe können die Beute bei günstigem Wind aus einer Entfernung von über 250 m aufspüren (MECH, 1966). Jedoch bei sehr ungünstigem Wind oder Seitenwind werden die Opfer nicht wahrgenommen oder zumindest nicht genau geortet. MECH (1970) beobachtete, daß Wölfe ihre Opfer sogar, als der Wind in Richtung der Wölfe wehte, auf eine Entfernung von 2,5 km wahrnahmen.
Nicht durchgeführt sind ausführliche Untersuchungen über das Gehör des Wolfes. Es gibt jedoch sichere Daten über Hunde. Und Wölfe haben sicherlich kein schlechteres Gehör als Hunde.
Die Fähigkeit zur Wahrnehmung von tiefen Lauten unter 250 Hz (250 Schwingungen pro Sekunde) ist bei Mensch und Caniden etwa gleich. Je höher jedoch die Töne, desto besser hören die Hunde und desto schlechter die Menschen. Hunde hören Töne bis zu 26 000 Hz. Sie können auch auf der Tonleiter nebeneinander liegende Töne unterscheiden (FULLER und DU BUIS, 1962).
JOSLIN (1966) behauptet, daß Wölfe auf seine Heultonprobe, die unumstritten schwächer als das echte Wolfsgeheul war, aus 6 km Entfernung antworten.
Dank der großen Beweglichkeit der Ohren und ihrer Einstellmöglichkeit unter verschiedene Winkel können sie sehr gut den Standort der Schallquelle bestimmen.

Der Gesichtssinn des Wolfes reicht entgegen früher geäußerten Ansichten (Świętorzecki, 1926, Kowalski, 1953) nicht an die Fähigkeiten des Geruchssinns und Gehörs heran, obwohl er auch hoch entwickelt und besonders empfindlich bei der Lokomotion ist.
Es ist nicht leicht, die Intelligenz des Wolfes zu bestimmen und mit anderen Tierarten zu vergleichen.
Auf jeden Fall besitzt der Wolf die große Fähigkeit, sich veränderten Bedingungen anzupassen (Mech, 1970). Er lernt leicht und kann sich an das Gelernte lange Zeit erinnern. Vergleichende Untersuchungen an jungen Wölfen und Hunden ergaben, daß Wölfe entschlossener und besser Aufgaben lösen, die kombinatorisches „Denken“ erfordern, als Hunde (Frank und Frank, 1982).

3.1.3 Lokomotion und Fährten

Der Wolf tritt, ähnlich wie alle Vertreter der Hundeartigen, mit den Zehen und nicht mit der ganzen Fläche des Fußes auf. Die „Ferse“ der hinteren Gliedmaßen befindet sich hoch oben. Die vorderen Gliedmaßen sind mit 5 Zehen ausgestattet, von denen aber eine davon den Boden nicht berührt. Die hinteren Gliedmaßen haben 4 Zehen. Jede Zehe ist mit einer großen kissenförmigen Kuppe versehen, weich und federnd, einer hornigen Fläche. Abgeschlossen ist sie mit einer dicken, stumpfen, nicht einziehbaren Kralle. Jeder Fuß hat einen ausgedehnten 5-teiligen Ballen (Abb. 3.1 A). Diese Bauweise des Wolfsfußes läßt eine Schnelligkeit, die der von Hirschen entspricht, zu. Gleichzeitig ist sie erforderlich, um sich geschickt über Gestein, Baumstümpfe und andere Unebenheiten fortbewegen zu können.
Wolfsfährten sind auf den ersten Blick nicht leicht von denen großer Hunde zu unterscheiden, besonders im lockeren, flockigen Schnee. Der Abdruck der Pfote eines erwachsenen Wolfes ist bedeutend größer als der eines durchschnittlich großen Hundes. Dennoch sind große Hundespuren von Spuren kleiner Wölfe nicht zu unterscheiden. Harris und Ream (1983) erarbeiteten zuverlässige Größenparameter der Wolfsspuren (Verhältnis zwischen Größe und Verteilung einzelner Elemente der Pfotenabdrücke), die charakteristisch für Wölfe aus verschiedenen geographischen Regionen sind und zur Identifizierung von Wolfsspuren genutzt werden können.

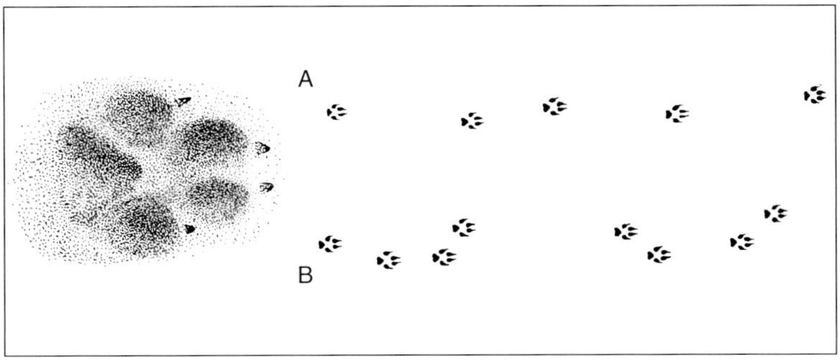

Abb. 3.1
Abdruck einer Wolfspfote sowie von Wolfsspuren im Trab (A) und im Galopp (B)

Abb. 3.2
Trabender Wolf (Foto: M. BARZ)

Es ist jedoch für Jäger und Biologen schwer, diese Methode im Gelände einzusetzen.

Im polnischen Siedlungsgebiet der Wölfe werden in den Wäldern immer wieder Spuren großer Hunde angetroffen. Trotzdem oder gerade deshalb lohnt es sich, die typischen Merkmale von Wolfsspuren als Hilfsmittel zur Unterscheidung von Hundespuren zu erläutern.

Die Wolfsfährte ist etwas länger als die des Hundes, besonders sind ihre einzelnen Elemente stärker abgedrückt (insbesondere 2 vordere Krallen, die stärker und länger als die Krallen des Hundes sind). Die Abdrücke der Mittelzehenkuppen sind beim Wolf im Verhältnis zu den äußeren Zehenkuppen höher gelegen als beim Hund. Die Fersen des Hundes sind oval, ebenfalls die Ferse der Hinterpfoten des Wolfes. Dagegen ist die Ferse der Vorderpfoten des Wolfs herzförmig.

Die Größe der Abdrücke der Wolfspfoten ist abhängig von Alter, Geschlecht sowie von individuellen Eigenschaften. Bei erwachsenen Wölfen beträgt sie 10 bis 13,7 cm in der Länge und 8 bis 9 cm in der Breite. Die Länge der Pfotenabdrücke junger Wölfe (im 1. Lebenswinter) beträgt ungefähr 8 cm und die Breite 6 bis 7 cm. Zum Vergleich beträgt die Fährte eines erwachsenen Bernhardiners im Durchschnitt 11,8 cm bis 12,9 cm in der Länge (HARRIS und REAM, 1983).

Abb. 3.3
Bewegungsarten des Wolfes: **A**: Traben, Trollen, **B**: nicht eiliger Galopp, **C**: voller Galopp bei der Verfolgung von Beutetieren (nach BIBIKOW, 1985)

Diese Daten sind subjektiv und betreffen individuelle Eigenschaften der Spuren von Wölfen und Hunden. Denn sie wurden unter Beachtung folgender Faktoren gewonnen: Wahrscheinlichkeit des Auftretens des Wolfes in einem bestimmten Territorium, Nähe menschlicher Ansiedlungen, Anzahl der Individuen im Rudel und Größe der vorgefundenen Exkremente. Sicherheit, ob es sich um eine Wolfs- oder Hundefährte handelt, kann man erst erlangen, wenn alle eben genannten Informationen beachtet wurden.

Ein sich frei bewegender Wolf „schnürt“ im Trab („Wolfsgang“, „Wolfstrollen“) (Abb. 3.3 A). Die Fährte ist in diesem Falle in der Struktur ähnlich der Fährte des Fuchses. Sie unterscheidet sich jedoch in der Größe und durch unregelmäßige Abstände zwischen den Spuren einzelner Gliedmaßen (die häufig nicht vorhanden sind) sowie in den größeren Abweichungen der Spuren von der gedachten Mittellinie (Abb. 3.3 B).

Ein im Trab laufendes Wolfsrudel hinterläßt in der Regel nur eine Spur. Denn die einzelnen Individuen treten in die Spur des Vorgängers. Nur ein geübter Spurenleser kann entscheiden, ob das die Spur eines Wolfes oder mehrerer Wölfe ist. Um die Anzahl der Wölfe einer Gruppe zu bestimmen, muß man die Fährte in entgegengesetzter Richtung zu den Wölfen abgehen. Auseinander geht die Spur eines Rudels am häufigsten an Ufern von Gräben, neben Abgrenzungspfosten, einsamen Bäumen und Sträuchern, wo die Wölfe in der Regel ihr Territorium kennzeichnen. Ähnliches tritt bei erlegter Beute oder an Kadavern zutage. Man kann dann die Anzahl der Individuen im Rudel auszählen.

Der Wolf bewegt sich im Galopp, wenn er aufgescheucht ist oder Beute jagt. Infolge der breiten Anordnung der Zehen ist die Spur dann tiefer eingedrückt und größer als im Trab. Bei ruhigem Galopp (Abb. 3.3 B) beträgt der Abstand zwischen den einzelnen Schritten 65 bis 85 cm, aber im vollen Galopp (Abb. 3.3 C) kann er von 1,5 m bis sogar in Ausnahmefällen 6 m betragen (BIBIKOW, 1985). Auf kurzen Abschnitten bei Verfolgung oder auf der Flucht erreicht der Wolf eine Geschwindigkeit von 55 bis 70 km/h. Im

Abb. 3.4
Der Wolf bewegt sich im Galopp, wenn er Beute jagt (Foto: NAS J.L. LEPORE/OKAPIA).

Trab beim Vorrücken auf weite Entfernungen kann er über längere Zeit ein Tempo von 8 km/h einhalten (MECH, 1974 a).
Wölfe finden sich auch im Wasser sehr gut zurecht. Sogar im Winter hat man beobachtet, daß Wölfe nach Beute schwammen, wenn diese im Wasser Schutz suchte (MECH, 1970).
Wölfe können auch springen (Abb. 3.5) und klettern (D. LANGWALD).

3.1.4 Aktivität

Jahresrhythmik und Aktivität sind eng mit der Fortpflanzung der Wölfe verbunden. Jungenaufzucht und Jungenpflege bedingen jahreszeitlich unterschiedliche lokomotorische Aktivitäten und Territoriumsnutzung. MECH, 1970, unterscheidet eine seßhafte und eine Wanderphase.
Die seßhafte Phase beginnt kurz vor der Geburt der Jungen. Die Wölfe halten sich dann in der Regel nahe der Höhle auf, und ihre Jagdausflüge sind verhältnismäßig kurz. Bei Gefahr (meist Störungen durch Menschen) tragen die Eltern die Jungtiere zu anderen, sichereren Plätzen. Die jungen Wölfe fangen etwa nach drei Wochen an, die Umgebung der Höhle zu erforschen, und verlassen die Geburtsregion im Alter von 8 bis zu 10 Wochen.
Anfangs werden die Jungen getragen, erst nicht allzu oft und nur auf kurze Entfernungen, dann immer öfter und weiter. Später werden sie zu den sogenannten „Rendezvous-Plätzen“ geführt. Im Mai, Juni und Juli halten sich die Jungen etwa 20 Tage lang an demselben Platz auf. Ihre aufeinanderfolgenden

Abb. 3.5
Springender Wolf (Foto: NAS/TIM DAVIS/OKAPIA)

Aufenthaltsplätze sind durchschnittlich 1,5 km voneinander entfernt. Dagegen halten sie sich im August und September nur noch etwa 7 Tage an ein und demselben Ort auf. Die dann aufeinanderfolgenden Aufenthaltsplätze befinden sich circa 3 km voneinander entfernt (MECH, 1970).

Die Wanderphase beginnt im Spätherbst, wenn die Jungen bereits mit dem Rudel auf die Jagd gehen. Dann ist die Bewegung des ganzen Rudels als einheitlich organisatorisch Ganzes eine Notwendigkeit. Zu Beginn werden dann öfter Ruhepausen zur Erholung der Jungen eingelegt.

Im Sommer zeigen die Wölfe innerhalb des 24-Stunden-Tages eine zyklische Aktivität. Vermutlich infolge der hohen Tagestemperaturen gehen sie am frühen Abend zur Jagd und kehren in der Nacht oder am frühen Morgen zum Lager zurück. Es kann aber auch vorkommen, daß manche am Tage wandern. Es zeigt sich, daß die hohen Temperaturen im Sommer Aktivitäten in der Nacht und der Dämmerung zur Folge haben. Hohe Temperaturen bewirken, daß die Wölfe nicht imstande sind, die während intensiver Anstrengung übermäßig gebildete Wärme an die Umgebung abzugeben. Es droht ihnen eine Überhitzung des Körpers. Sie halten sich tagsüber an schattigen Plätzen auf. Oft kratzen sie auch noch die oberste Schicht der trockenen Erdkruste zur Vorbereitung ihrer Ruheplätze auf.

Im Winter dagegen können Wölfe rund um die Uhr aktiv sein und ruhen sich in Abhängigkeit von der Situation aus. Nach erfolglosem Beutezug, vor erneuter Jagdaufnahme, können sie sich 10 bis 15 Minuten ausruhen. Nach

Abb. 3.6
Im Sommer ruhen die Wölfe gern an schattigen Plätzen (Foto: M. BARZ).

Überwinden eines längeren Streckenabschnittes ruhen sie sogar einige Stunden. Am längsten ruhen sie nach dem Fressen gleich an der Beute. Auf langen Wanderungen und bei tiefem Schnee benutzen sie oft ausgetretene Pfade anderer Tiere, Waldwege, Bahngleise, zugefrorene Seen, Flüsse und Bäche.

Es scheint, daß Wölfe in einem in Frage kommenden Gebiet entlang von sicheren Haupttrassen wandern und die Kenntnis von diesen Trassen von Generation zu Generation weitergegeben wird. Diese Routen sind gewöhnlich Rundwege, die sich mit anderen Wolfstrassen kreuzen und verbinden. Wolfsrudel, die auf derartig ausgetretenen Routen wandern, werden im Winter oft an demselben Punkt beobachtet.

Die häufigste Art der Fortbewegung von Wölfen ist ein unaufhörlicher, rastloser Trab. Die Entfernungen, die Wölfe im Laufe von 24 Stunden im Winter auf diese Weise zurücklegen, sind erstaunlich. STENLUND (1955) stellte in Minnesota fest, daß ein Wolfsrudel in einer Nacht 50 km durchlief. Meldungen über Strecken von 70 km in 24 Stunden sind keine Seltenheit (MECH, 1970). Die längste Tageswanderung wurde in Finnland, in der Tundra, festgestellt, wo Wölfe ohne Störung durch Jäger ungefähr 200 km zurückgelegt hatten (PULLIAINEN, 1965).

Die Entfernung, die Wölfe im Sommer am Tag bewältigen, hängt von der Art des Lebensraumes, der Notwendigkeit der Jungenfütterung und anderen Faktoren ab. Einsame Individuen sowie kleine Rudel ohne Nachkommen legen größere Entfernungen zurück, wahrscheinlich im Sommer genauso große wie im Winter. Die Beweglichkeit von Rudeln, in denen die Wölfin Welpen hat, ist auf die Umgebung um die Höhle beschränkt. Sie überwinden innerhalb von 24 Stunden nicht mehr als 4 bis 13 km.

Durch Art und Menge der möglichen Beutetiere bedingt die Umwelt die Wander-Distanz der Wölfe. Wölfe in der Tundra können sich über 30 km von der Höhle entfernen, um Nahrung zu erlangen, falls ihre Opfer dort räumlich konzentriert auftreten. Auf einigen hundert Quadratkilometern könnte sich möglicherweise kein einziges Karibu (*Rangifer tarandus*) aufhalten, in anderen Bereichen dagegen Tausende. Mehr nach Süden sind Mannigfaltigkeit und Häufigkeit der Beutetiere groß und sehr gleichmäßig. Folglich sind die Jagdausflüge der Wölfe kurz (MECH, 1970).

GOSZCYŃSKI (1986) bestimmte die mittlere Tageslänge der Wolfswanderungen aus acht Untersuchungen, die in Nordamerika und Eurasien durchgeführt wurden. Sie betrug 25,7 km.

3.2 Fortpflanzung und Entwicklung

Die Mehrheit der Wolfshöhlen in Nordamerika sind Erdlöcher an sandigen Plätzen oder trockenen Bodenerhebungen. Es können mehrere Löcher sein, die von tragenden Weibchen gegraben werden, bisweilen mit Hilfe anderer Rudelmitglieder. Die Wölfin bleibt etwa 3 Wochen vor der Geburt der Jungen in der Nähe der Höhle (YOUNG, 1944). Die durch Wölfe gegrabenen Höhlen haben einen ziemlich einfachen Bau mit einem oder zwei Eingängen, die über einen Korridor, oftmals bis 9 Meter lang, zu einer geräumigen Kammer führen. Wölfe können sehr komplizierte Baue anderer Tiere nutzen, z. B. von Füchsen oder Dachsen, die sie entsprechend vergrößern. Man hat auch Wolfshöhlen gefunden, die von erbeuteten Dachsen stammen (MECH, 1970). In Polen werden die Höhlen häufig unter entwurzelten, vom Wind umgeworfenen, dichten Fichten mit tief hängenden Zweigen als Einstreu auf der Erde oder in kleinen Gruben bei einem Baumstumpf angelegt. Die Höhle ist nicht oder sehr spärlich mit eingetrockneten Blättern und Moos ausgepolstert.

In einem Wolfsrudel vermehrt sich in der Regel nur ein Paar („Alpha"-Paar), obwohl die übrigen Individuen physiologisch auch zur Fortpflanzung fähig sein können. Wölfe sind nicht gänzlich monogam. Das bedeutet, im Laufe einer Fortpflanzungssaison dominiert ein Männchen (Alpha-Männchen), deckt oft nur ein Weibchen („Alpha"-Weibchen), aber in der nächsten Saison kann das schon ein anderes Weibchen sein. Bekannt ist nur ein gut dokumentierter Fall von Polygamie bei freilebenden Wölfen. Ein Männchen deckte zwei Weibchen (wahrscheinlich Schwestern aus einem Wurf), deren Territorien nebeneinander lagen und sich erheblich überdeckten. Beide Weibchen haben geworfen und Junge aufgezogen (MECH u. NELSON, 1989). Wölfe können schon mit zehn Monaten geschlechtsreif sein und im Alter von einem Jahr Nachkommen zur Welt bringen (MEDJO u. MECH, 1976; ZIMEN, 1976), aber die Mehrheit pflanzt sich nicht vor dem 22. Lebensmonat fort (SEAL u. a., 1979). Aufgrund ihrer niedrigen sozialen Stellung in der Gruppe (sexuelle Rivalität) kommt die Mehrheit der Wölfe unter natürlichen Bedingungen erst später zur Fortpflanzung (PACKARD u. a., 1985).

Im allgemeinen erreichen Wölfe erst im Alter von etwa fünf Jahren die volle physische Reife (PACKARD u. a., 1983). Das Reproduktionsalter dauert sehr lange. Bekannt sind Fälle, nach denen ein zehnjähriges Männchen und ein neunjähriges Weibchen sich paarten und Nachkommen aufzogen (MECH, 1988).

Schon vor der Ranzperiode beobachtet man zwischen Weibchen und Männchen gesteigertes wechselseitiges Beschnüffeln und Reiben der Köpfe aneinander oder das Ergreifen des Maules des Partners mit den Kiefern.

Schon etwa eineinhalb Monate vor der Ranz kann ein blutiges Sekret aus der Vagina eines geschlechtsreifen Weibchens fließen (SCOTT u. FULLER, 1965). Das ist eine Erscheinung, die ausschließlich bei Wölfen, Kojoten und Hunden anzutreffen ist. Die eigentliche Läufigkeit tritt in Abhängigkeit von der geographischen Breite vom späten Januar bis Ende März auf. Sie dauert fünf bis sieben Tage. In Polen liegt die Wolfsranz in der Zeit von Ende Januar bis Anfang März (BUCHALCZIK, 1984). Weibchen, die das erste Mal in ihrem Leben zur Fortpflanzung kommen, können eine Woche oder zwei Wochen später als alte Weibchen zum Oestrus kommen (RAUSCH, 1967). Der Eisprung erfolgt wahrscheinlich nahe dem Ende der Läufigkeit (MECH, 1974 a).

Während der Ranz beschnüffelt und beleckt das Männchen die Genitalregion des Weibchens. Aber nur selten führen diese Verhaltensweisen zur Kopulation. Der Kopulationsakt wird mit dem „Einhängen" (Hängen) abgeschlossen, einer spezielle Erscheinung der Hundeartigen. Die Ursachen dafür sind bis heute unbekannt. Das Festhängen kommt durch das Anschwellen des von Hohlräumen durchsetzten Eichelkörpers des Männchens und durch das Zusammenziehen der muskulären Vagina des Weibchens um die Eichel zustande (FULLER u. DU BUIS, 1962). Das Männchen schiebt sich währenddessen vom hinteren Teil des Körpers des Weibchens herab und verlagert eine Hinterpfote auf den Rücken des Weibchens. In dieser Position stehen oder liegen beide ruhig, mit den Schwänzen einander zugewandt und mit festgeklemmten Genitalien, bis 30 Minuten.

Als Tragzeit gibt BUCHALCZIK, 1984, 62 bis 75 Tage an. MECH, 1974, behauptet, daß die Tragzeit 62 bis 64 Tage dauert, aber die Geburt kann 3 bis 4 Tage früher oder später einsetzen.

In unserer Klimazone erfolgen die Geburten im Zeitraum von Ende März bis Mai (SERŽANIN, 1961; BUCHALCZIK, 1984). Die durchschnittliche Wurfgröße beträgt 4 bis 6 Junge (Welpen), aber man kann auch 1 bis 11 (MECH, 1974) oder 12 (SERŽANIN, 1961) antreffen. Die Jungen werden in unregelmäßigen Zeitabständen (von 5 bis 60 Minuten) geboren. MECH, 1970, hat festgestellt, daß die Geburt von 5 Jungen etwa drei Stunden dauert.

Der Welpe wird sofort nach der Geburt durch die Mutter aus den Fruchthüllen befreit. Die Wölfin durchbeißt anschließend die Nabelschnur und frißt sie zusammen mit den Fruchthüllen auf. Nach intensivem Lecken und Trocknen des Welpen umschließt die Mutter ihn mit ihrem Körper und ruht sich aus, bis die Geburt des nächsten beginnt. Neugeborene Wölfchen ha-

Abb. 3.7
Wolfshochzeit. Im Wolfsrudel vermehrt sich in der Regel nur das Alpha-Paar (Foto: L. MARTINEZ/OKAPIA).

Abb. 3.8
Säugende Wölfin (Foto: F. KRAHMER/OKAPIA)

Abb. 3.9
Säugen erfolgt seltener im Stehen (Foto: NAS J. L. LEPORE/ OKAPIA

ben ein dunkles, feines Fellchen und wiegen um 0,3 bis 0,5 kg (BUCHALCZIK, 1984).
In der physischen und Verhaltensentwicklung der Welpen unterscheidet man vier Etappen (SCOTT u. FULLER, 1965).

Erster Zeitabschnitt – Neonatal (bis zum Öffnen der Augen am 11. bis 15. Lebenstag) Die Jungen reagieren sehr schwach auf Außenreize, sind blind und taub und haben eine sehr schwache Fähigkeit zur Regulation ihrer Körpertemperatur. Sie besitzen guten Gleichgewichts-, Geschmacks- und Tastsinn. Die Bewegungsaktivität beschränkt sich nur auf unbeholfenes Kriechen sowie das Saugen und Lecken der Muttermilch. Die Wolfsmilch hat hohen Nährwert, sie enthält 6 bis 9 % Fett und 9 bis 12 % Eiweiß, das heißt z.T. dreimal mehr als die Kuhmilch (BEN SHAUI, 1962; LAUER u. a., 1969). Die Welpen saugen die Muttermilch 6 bis 8 Wochen lang (TEMBROCK, 1957).

Zweiter Zeitabschnitt – Übergangsperiode (vom Öffnen der Augen bis zum 20. Lebenstag) In dieser Zeit verändern sich die Fähigkeiten der Jungen gewaltig: Es erfolgt die Öffnung der Augen, obwohl sie anfangs sehr schwach sehen.
Sie können schon gehen, knurren und kauen. Es zeigen sich einige der ersten Zähne. Der Anfang des Hörens kennzeichnet das Ende dieser Entwicklungsperiode.

Dritter Zeitabschnitt – Sozialisierung (vom 20. bis etwa 77. Lebenstag) Die Jungen beginnen, sich außerhalb des Nestes zu zeigen. Dieser Abschnitt wird durch die ungestüme Entwicklung des Sozialverhaltens charakterisiert. Die Jungen vergnügen sich und kämpfen miteinander. Es stellt sich eine Dominanzstruktur zwischen ihnen ein. Dann folgt die Entwicklung der sozialen Verhaltensmuster (Dominanz, Unterlegenheit usw.). Die einzigen Wesen in der Nähe der jungen Wölfe sind ihre Geschwister und die erwachsenen Rudelmitglieder. Folglich entsteht zwischen diesen Individuen eine emotionale Bindung. Das bildet die Grundlage für die Kontinuität der Stammesfortführung des Rudels, es sei denn, es bildet sich ein neues Rudel.
Ab der dritten Lebenswoche können die Jungen feste Nahrung aufnehmen. Zuerst wird ihnen vorgekaute oder vorverdaute Nahrung von den Erwachsenen ausgewürgt (ALTMANN, 1986). Wenn sich ein erwachsener Artgenosse den Welpen nähert, umgeben sie ihn und beschnuppern sein Maul. Sie ergreifen das Maul des Erwachsenen mit den Kiefern, umklammern es und bemühen sich, die Nasen hineinzustecken. Der „Bedrängte“ gibt dann zuvor aufgenommene Nahrung ab, teilweise leicht verdaut, die die Jungen schnell verschlucken (MECH, 1970).
Es kann vorkommen, daß die Welpen nicht nur durch die Eltern, sondern auch durch die anderen Rudelmitglieder ernährt werden (MURIE, 1944). Das hängt von der konkreten Populationssituation ab. Bei Überfluß an Beute bringen alle Wölfe den Jungen Nahrung. Je größer das Rudel, desto mehr Nahrung wird den Jungen gebracht. Ihre Überlebensfähigkeit ist dann hoch. Wenn es wenig Beute gibt, ernähren meistens nur die Eltern die Jungen. An-

Abb. 3.10
Erste Blicke in die Welt
(Foto: P. NAWRATH)

dere Rudelmitglieder können die in der Nähe der Höhle vergrabenen Fleischvorräte auffressen, die nach der Tötung vieler Opfer angelegt worden waren. Die Überlebensfähigkeit der Welpen ist dann in großen Rudeln geringer als in kleineren (HARRINGTON u. a., 1983 b).
Die Welpen eines Wurfes können sich hinsichtlich des Entwicklungstempos und der Körpermasse wesentlich unterscheiden. Das Tempo des Wachstums der Körpermasse beträgt 0,05 bis 0,23 kg am Tag und kann sich um das 5fache zwischen den Welpen desselben Geschlechts unterscheiden. Die Abbildung 3.15 stellt die Entwicklung der Körpermasse der Welpen bis zum späten Herbst dar. In dem Abschnitt der Sozialisierung entwickeln sich zwei grundlegende Aspekte des Verhaltens des Wolfes: die Fähigkeit zum Heulen (schon seit dem Anfang des 2. Lebensmonats) und das „Raubtierverhalten“.

Abb. 3.11
Nach etwa 3 Wochen wird die Geburtshöhle verlassen (Foto: NAS P. u. T. Leeson/OKAPIA).

Der Wolf besitzt keine angeborene Tendenz zum Töten. Geboren wird er mit bestimmten Verhaltensmustern, die es ihm erlauben, das Töten zu erlernen.
Gegen Ende dieses Entwicklungsabschnittes können junge Wölfe fast wie die Erwachsenen laufen, klettern, springen und spielen. Es fehlt ihnen einzig an Ausdauer, Kraft und Schnelligkeit.

Vierter Zeitabschnitt – Jugendabschnitt (bis zum Erreichen der Geschlechtsreife im Alter von etwa 22 Monaten) Das ist die Zeit, in der die Jungen den Höhepunkt der Bewegungsfähigkeit erreichen. Der An-

Abb. 3.12
Etwa 4 Wochen alte Wölfchen beim Sich-Balgen im Wolf Park Battle Ground, Ind. USA (Foto: T. M. Huffmann).

Abb. 3.13 Timberwölfin mit Jungen (Foto: D. J. Cox OSF/OKAPIA).

Abb. 3.14 Um Futter bettelnde Welpen (Foto: A. Maywald/OKAPIA).

fang dieses Zeitabschnitts wird gegenüber dem vorangehenden Abschnitt entscheidend durch die verminderte Möglichkeit der Jungen zur Anknüpfung emotionaler Bindungen charakterisiert. Treffen die Jungen im späteren Leben Wölfe aus anderen Rudeln, sind sie aufgrund dieser Erscheinung nicht imstande, sich emotional mit ihnen zu binden (Ausnahme: Paarbildung). Dieser Mechanismus schützt die Einheit des Rudels sowie auch die innere Organisation der Wolfspopulationen.
Bedeutend später beginnen die jungen Wölfe zu jagen. Im Sommer verbringen sie einige Monate an verschiedenen temporären Ruheplätzen, und dann bringen die Erwachsenen den Jungen das Futter. Wenn viele Beutetiere auf der Jagd erlegt wurden, werden die Jungen zu den Opfern geführt oder getragen. Junge Wölfe sind physisch nicht zum Töten größerer Tiere fähig, bevor sie die 16. bis 20. Woche erreicht haben, weil ihnen erst dann feste Zähne wachsen. Es scheint auch, daß sie zumindest bis zum 10. Lebensmonat nicht zur selbständigen Jagd und zum Töten großer Beutetiere imstande sind. In diesem Zeitraum endet auch das Skelettwachstum (etwa bis zu einem Jahr).
Die Körpermasse beträgt etwa 30 kg, und in der Wildbahn ist es schon schwer, Junge und Erwachsene zu unterscheiden. Obwohl die allgemeine physische Entwicklung bis zum 1. Lebensjahr beendet ist, dauert die sexuelle und psychische Entwicklung bis zum Erreichen der vollen Reife des Individuums bis gegen das Ende des 2. Lebensjahres an. Danach können ausschließlich Veränderungen des Sozialstatus (die Möglichkeit der Erhöhung der sozialen Position) und psychische Veränderungen (der das ganze Leben andauernde Lernprozeß) erfolgen.

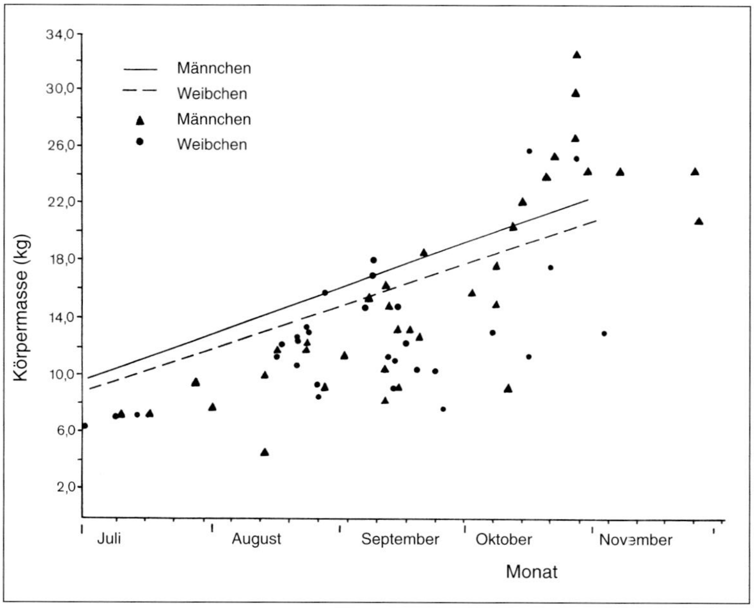

Abb. 3.15
Diagramm zur Körpermasse von Wölfen in Gefangenschaft (Kuyt, 1972) sowie der Körpermasse von 72 Welpen, die im nördlichen Minnesota in verschiedenen Monaten in den Jahren 1969–72 gefangen wurden (nach Ballenberghe u. Mech, 1975).

3.3 Parasiten, Krankheiten und Sterblichkeit

Beim Wolf wurde eine große Anzahl von inneren und äußeren Parasiten festgestellt. Auf der langen Liste der inneren Parasiten sind am häufigsten Saugwürmer (Trematoden) mit 9 Arten, Bandwürmer (Cestoden) mit 21 Arten und Fadenwürmer (Nematoden) mit 24 Arten. Diese Parasiten werden durch ihre Beutetiere, die Zwischenwirte sind, von den Wölfen aufgenommen. Art und Grad der Infektion hängen von der Art des Parasiten, der geographischen Lage und vielen ökologischen Faktoren ab (MECH, 1970). Von 18 Wölfen aus dem Lubelski-Gebiet war nicht einer frei von Parasiten (SOŁTYS, 1964).

Der im Herzen lebende Fadenwurm (*Dirofilaria immites*) und der Nierenwurm (*Dioctophyma renale*), der in den Nieren vorkommt, können schwere Schäden dieser Organe hervorrufen und sogar zum Tode führen. Ähnlich verhängnisvolle Auswirkungen können Trichinen (*Trichinella spiralis*) bewirken. Der Befall mit einer großen Anzahl von Spulwürmern (Fadenwürmern, Filarien, wie *Toxascaris leonina* oder *Toxocara canis*) kann die Entwicklung der Welpen negativ beeinflussen. Unter den Bandwürmern verdient der Hülsenwurm oder Kleine Hundebandwurm (*Echinococcus granulosus*) besondere Beachtung, weil er auf den Menschen übertragbar ist (MC NEILL u. a., 1984).

Viele der Außenparasiten (Ektoparasiten) wie Dasselfliegen, Mücken u. a. sind nur sporadisch auf den Wölfen anzutreffen. Ständig zu finden sind dagegen Läuse in zwei Arten, eine Art Flöhe, sieben Arten Zecken und die Krätzmilbe. Letztere ist wahrscheinlich am gefährlichsten, weil sie Krätze und Schorf hervorruft, wodurch der Wolf das ganze Fell verlieren kann (MECH, 1970).

Die bedeutendste Krankheit der Wölfe ist seit Jahrhunderten die Tollwut (YOUNG, 1944). Die durch sie hervorgerufene Angriffstendenz gegenüber anderen Tieren und dem Menschen hat sicherlich dazu beigetragen, daß in der breiten Masse der Menschen alle Wölfe für aggressiv und gefährlich gehalten werden. Trotz des relativ hohen Bestandes wurde in Polen nur sporadisch Tollwut bei Wölfen festgestellt, hauptsächlich im südlichen Teil des Landes (Tab. 3.1). Eine andere gefährliche Krankheit ist die Staupe. Ähnlich

Tabelle 3.1 Fälle von Tollwut unter den Wölfen in Polen in den Jahren 1970–1990

Jahr	Anzahl der Fälle	Wojewodschaft
1971	1	Białystok
1973	1	Rzeszów
1974	1	Rzeszów
1975	3	Rzeszów, Wrocław, Poznań
1977	3	Krosno (2), Wrocław
1979	2	Krosno, Nowy Sącz
1981	1	Zamość
1983	1	Chełm

wie die Tollwut wird sie durch ein Virus hervorgerufen. Tiere, die angesteckt sind, werden apathisch, fressen nicht, verfallen in eine extreme Entkräftung und verenden. Schwach infizierte oder sehr widerstandsfähige Tiere können die Krankheit überwinden. Aber oft bleiben Spuren zurück: charakteristische gelbe Zähne, geschwächtes Seh- und Hörvermögen oder Muskelzucken und Muskelschrumpfen (MECH, 1970). Eine bei den Wölfen oft anzutreffende Viruskrankheit ist die infektiöse Hepatitis (STEPHENSON u. a., 1982), eine andere die Parvovirose, die sich in den letzten Jahren sehr verbreitet hat (MECH, 1986). Von den durch Bakterien hervorgerufenen Krankheiten muß man die Tuberkulose erwähnen (CARBYN, 1982), von denen, die durch Pilze hervorgerufen werden, die Blastomykose („Hefelunge") (THIEL, 1987). Man stellt auch oft Rheumatismus fest, der aber hauptsächlich eine Alterserscheinung zu sein scheint (MECH, 1970).
Die Bestimmung des Höchstlebensalters der Wölfe in freier Wildbahn ist sehr schwer. Die Mehrheit der Daten betrifft Wölfe, die in Gefangenschaft gehalten wurden, und zeigt, daß unter diesen Bedingungen 16 Jahre erreicht werden können (YOUNG, 1944). Langjährige Freiland-Untersuchungen in Minnesota ergaben ein Höchstalter von 13 Jahren (MECH, 1988).
Ursachen natürlicher Sterblichkeitsfaktoren sind im wesentlichen Verhungern und innerartliche Konflikte. Der Mangel an Nahrung und demzufolge Verhungern trifft vor allem die Welpen. In Minnesota machte die Sterblichkeit der Welpen über 40 % aller Wölfe aus. Ähnlich hoch war der Anteil der Sterblichkeit infolge von innerartlichen Kämpfen zwischen verschiedenen Rudeln (MECH, 1977).
Die übrigen Sterblichkeitsfaktoren sind andere Krankheiten, Unfälle und Verletzungen durch sich verteidigende Beutetiere wie Moschusochsen (PASITSCHNIAK-ARTS u. a., 1988), Elche (BALLARD u. a., 1987) und Virginiahirsche (FRIJLINK, 1977; NELSON u. MECH, 1985). In Populationen, die mit Menschen Kontakt haben, ist der Mensch der Hauptfaktor für die Sterblichkeitsrate der Wölfe durch Jagd, Fangen in Fallen, Vergiften und durch Verkehrsunfälle (VAN BALLENBERGHE u. MECH, 1973; MECH, 1977 u. 1989).

3.4 Ernährung

3.4.1 Zusammensetzung der Nahrung

Das von den Wölfen eingenommene geographische Gebiet ist bedeutend größer als das Areal jeder Gattung ihrer Beutetiere. Deshalb bejagen verschiedene Wolfspopulationen auch verschiedene Gattungen von Beutetieren. Die Zusammensetzung der Nahrung von Wölfen ist dadurch überaus mannigfaltig, und man kann sagen, daß innerhalb der Grenzen des Gebiets, in dem Wölfe auftreten, es keine Säugetiere gibt, die ihnen nicht als Beute zum Opfer fallen könnten. Überall gibt es jedoch große Huftiere, wildlebende wie auch Haustiere, als Hauptnahrung der Wölfe. Ermöglicht wird das dadurch, daß Wölfe in Gruppen leben und jagen sowie eine große Menge

an Nahrung in einem kurzen Zeitabschnitt konsumieren und verdauen können.
Charakteristisch ist auch, daß in einer gegebenen geographischen Region nur ein oder zwei Gattungen die Mehrheit der Beutetiere der Wölfe bilden. Zum Beispiel ist in der Region der großen Seen (USA und Kanada) der Virginiahirsch (*Odocoileus virginianus*) ihre Hauptnahrung. In der arktischen Tundra Kanadas ist das Karibu die Hauptbeute, aber in einigen Regionen des westlichen Kanadas ist der Wapiti typisch für das einzige größere Opfer der Wölfe.
Die Zusammensetzung der Nahrung der Wölfe unterliegt beträchtlichen saisonalen Schwankungen. Im Winter sind große Huftiere, die typisch für ein bestimmtes geographisches Gebiet sind, ihre grundlegende Beute. Dagegen bilden die kleineren Säugetiergattungen, Vögel, Fische sowie auch Insekten, Lurche, Kriechtiere und auch Obst im Sommer einen beträchtlichen Anteil der Nahrung. In Nordamerika scheinen diese kleineren Gattungen der Beutetiere, vielleicht mit Ausnahme des Bibers, in der Nahrung der Wölfe eine bedeutend geringere Rolle zu spielen. Jedoch findet man dort in den Exkrementen der Wölfe Überreste der verschiedensten Beutetiere: Hase, Kaninchen, Nerz, Bisamratte, Eichhörnchen, Vögel, Eidechsen, Schlangen, Insekten, pflanzliche Nahrung und vieles andere (MECH, 1970).
Die Untersuchungen über die Wölfe in Europa liefern, auch wenn sie nicht zahlreich sind, interessante Daten aus Regionen verschiedener Bevölkerungsdichte und Wirtschaftsaktivität des Menschen. Unter sehr natürlichen Bedingungen leben Wölfe auf dem Gebiet der ehemaligen UdSSR, wo BIBIKOW (1985) auf der Grundlage der Spezialisierung der Nahrungszusammensetzung sechs Regionen unterschied (Abb. 3.16):
1) Tundraregion – grundlegende Nahrung sind Rentiere, wilde und domestizierte, und in dem östlichen Teil auch Schneeschafe (*Ovis nivicola*);
2) Region der nördlichen Tundra – die Dürftigkeit an winterlicher Nahrung und die dicke Schneedecke bedingen, daß es dort wenig Huftiere gibt; eine Folge davon ist, daß die Wolfspopulation nicht zahlreich ist; die grundlegende und in einigen Gebieten einzige Nahrung der Wölfe sind Schneehasen (*Lepus timidus*);
3) Regionen der südlichen Taiga – im europäischen Teil dieses Gebietes dominieren Elche *(Alces alces)* in der Wolfsnahrung und im asiatischen auch eingeführte Wapitis (*Cervus elaphus canadensis*) und Marale (*Cervus elaphus sibiricus*);
4) Region der westlichen Waldsteppe – die wichtigste Nahrung der Wölfe bilden in diesem Gebiet Rehe *(Capreolus capreolus)*, Wildschweine *(Sus scrofa)* und Europäischer Rothirsch (*Cervus elaphus hippelaphus*), Sikahirsche (*Cervus nippon*) und Maral (*Cervus elaphus maral)*);
5) Steppen-Wüsten-Region – hier überwiegen wilde und domestizierte Huftiere; das ist dadurch bedingt, daß es hier ganzjährig Viehweiden gibt;
6) bergige Wald-Region – in den Bergen des Kaukasus sind Hirsche und Steinböcke *(Capra spec.)* die häufigsten Opfer der Wölfe, aber in den Bergen Mittelasiens neben Maralen und Wildschweinen auch Argalis *(Ovis ammon)* und Steinböcke.

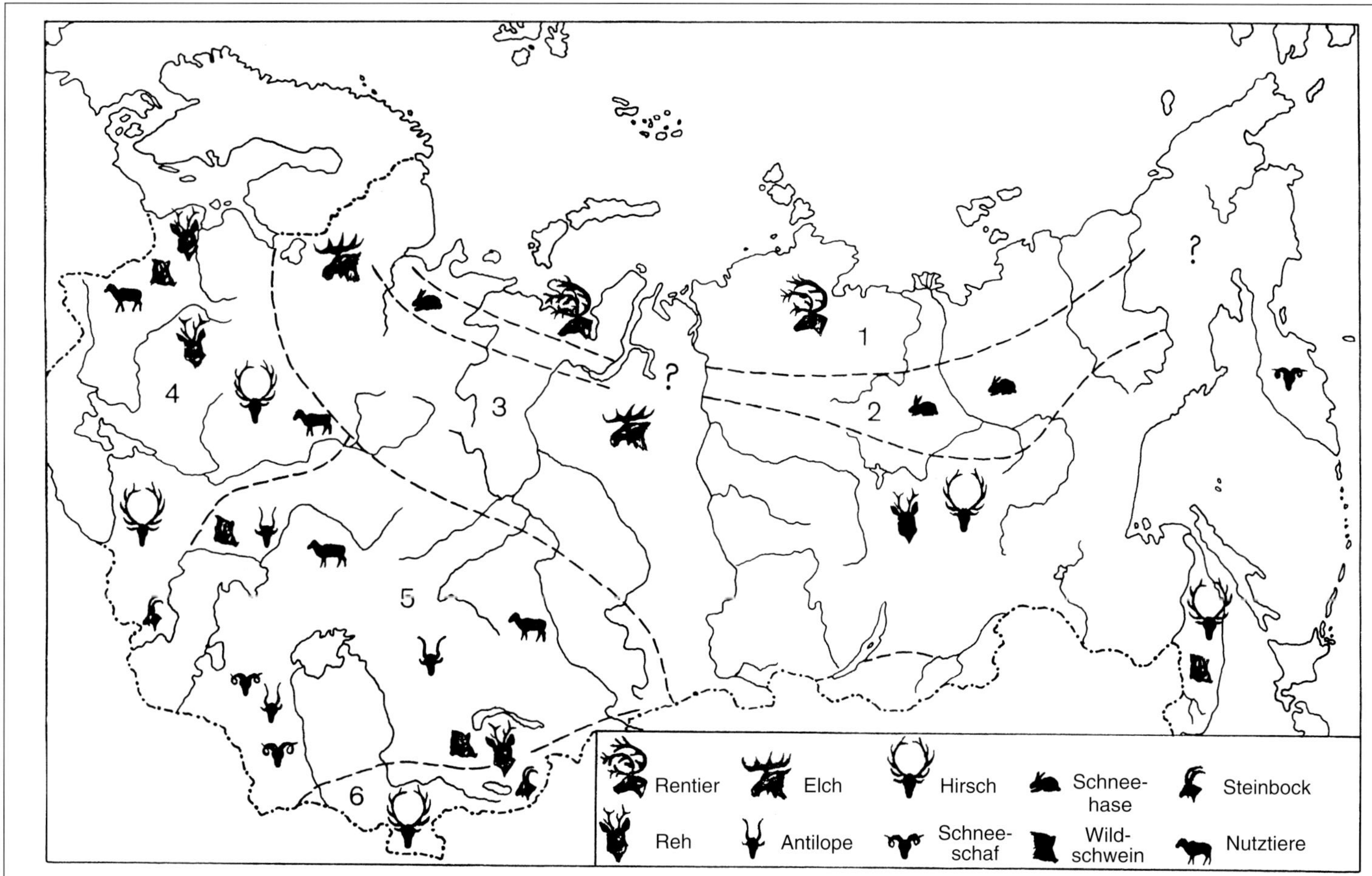

Abb. 3.16
Aufteilung des Territoriums der ehemaligen UdSSR in Regionen entsprechend den Gattungen, die in der Nahrung der Wölfe vorherrschen (nach BIBIKOW, 1985). (1–6) unterschiedene Regionen, Erklärungen im Text.

In Mitteleuropa dominieren in der Wolfsnahrung wilde Huftiere. In den slowakischen Bergen sind Wildschweine die grundlegenden Beutetiere der Wölfe (ihre Reste traten zu 45,5 % in den analysierten Exkrementen der Wölfe auf) und Hirsche (23,3 %). Weniger Bedeutung haben Füchse (10,4 %), Hunde (7,9 %) und Rehe (5,5 %) (BRTEK u. VOSKAR, 1987). Dort, wo die Wölfe trotz Kultivierung der Wälder, Ausrottung der wilden Huftiere, intensiver Entwicklung von Landwirtschaft und Viehzucht, Verfolgung durch die Menschen überlebten, begnügen sie sich mit jeder Art von Beutetieren. In Italien, in dicht besiedelten Regionen, ernähren sich die Wölfe hauptsächlich von Kadavern und Fleischabfällen, die auf den Müllkippen zu finden sind (60 bis 70 % der Nahrung) sowie von Nutztieren (Schafe, Ziegen, Kühe, Pferde) (BOITANI, 1982). Dagegen überwiegen in den nördlichen Apenninen, wo die Bevölkerungsdichte bedeutend kleiner ist, Haustiere (über 25 %) und die Früchte wilder Rosen (im Mittel über 25 % der Nahrung im Laufe des Jahres). Wildschweine, die dort die einzigen größeren freilebenden Huftiere sind, bilden etwa 12 % der Nahrung (MERIGGI u. a., 1991). Ähnlich ist es in Spanien, wo sich die Wölfe vor allem von Nutztieren, Kadavern und Hunden ernähren (CASTROVIEJO u. a., 1975). ALMASAN u. a., 1970, geben an, daß Nutztiere die grundlegende Beute der Wölfe in Rumänien sind. In Schweden sind teilweise gezähmte Rentiere und auch Elche die winterliche Hauptnahrung der Wölfe (HAGLUND, 1968, BJÄRVALL u. ISAKSON, 1982), und im benachbarten Finnland sind es Rentiere und Schafe (PULLIAINEN, 1965).

In Polen haben SUMIŃSKI u. FILIPIAK, 1977 eine kleine Anzahl (35) von Wolfsexkrementen aus den Niederen Beskiden, dem Lubliner Gebiet und dem Bobr-Tal untersucht. Am häufigsten fand man darin Haare von Rehen (im Mittel 57,1 %) und Hirschen (20 %). Seltener traten Überreste von Wildschwein, Dachs, Nagetieren und Aas auf. Im Winter enthielten in den Beskiden 31 Mägen von Wölfen, die durch Jäger getötet wurden (nach der Trockenmasse): 55,4 % Hirschartige, 10,9 % Wildschweine, 0,1 % Hasen, 0,2 % Pflanzenreste und 32,7 % Aas von Haustieren, das unter der Jagdkanzel ausgelegt worden war (LESNEWICZ u. PERZANOWSKI, 1989).

Im östlichen Teil des Białowieza-Urwaldes ernähren sich die Wölfe vor allem von Hirschen (55,5 %) sowie von Rehen (21,9 %) und Wildschweinen (10,4 %) (BUNEVIČ, 1988). In den letzten 40 Jahren trat dort eine grundlegende Änderung in der Zusammensetzung der Wolfsnahrung auf. In den 50er Jahren waren Haustiere (31,7 %) die häufgsten Beutetiere. Erst darauf folgten Wildschweine (19,8 %), Rehe (14,8 %) und Hirsche (5,7 %) (GAVRIN u. DONAUROV, 1954). Diese Veränderung wurde durch das Anwachsen der Zahl der Hirsche bei gleichzeitiger Abnahme der Anzahl der Wölfe verursacht (BUNEVIČ, 1988).

Untersuchungen der ganzjährigen Zusammensetzung der Wolfsnahrung, im polnischen Teil des Białowieza-Urwalds durch die Analyse der Exkremente (JĘDRZEJEWSKI u. a., 1992) haben auch gezeigt, daß die Hirschartigen die wichtigste Rolle in der Nahrung der Wölfe spielen (76,6 % im Sommer und bis 91,3 % im Winter). Die Unterscheidung der Haare von Hirschen und Rehen in den Wolfsexkrementen ist äußerst schwierig. Deshalb hat man sich in diesen Untersuchungen solcher Hilfskriterien bedient wie Größe der Kno-

Tabelle 3.2 Zusammensetzung der Nahrung (% der Biomasse/%B/und % des Auftretens/%W) der Wölfe im westlichen Teil des Białowieza-Urwalds in den Sommer- und Wintersaisons (Analyse der Exkremente, die in den Jahren 1986–1989 gesammelt wurden) (nach JĘDRZEJEWSKI u. a., 1992)

Beute	Sommer (N=44)		Winter (N=100)	
	% B	% W	% B	% W
Hirsch	39,7	31,8	31,0	29,0
Reh	3,0	6,8	2,8	4,0
Nicht identifizierte Hirschartige	33,9	54,5	57,5	64,0
Hirschartige insgesamt	76,6	93,1	91,3	97,0
Wildschwein	21,6	47,7	7,7	29,0
Hase	1,5	4,5	0,2	2,0
Nagetiere	+	4,5	+	4,0
Marderhund	–	–	0,6	4,0
Eichhörnchen	–	–	0,02	1,0
Vögel	0,12	4,5	0,01	3,0
Lurche	0,001	2,3	0,001	1,0
Sumpfschildkröte	0,07	2,3	0,11	1,0
Wirbellose	–	–	0,001	1,0
Pflanzen	0,001	15,9	0,03	11,0

chenreste, Grad ihrer Verknöcherung oder das Datum des Auffindens der Exkremente. Dank dessen gelang es festzustellen, daß die Hirsche entscheidend überwogen. Sie bildeten im Sommer (39,7 %) wie auch im Winter (31 %) einen ähnlichen Anteil in der Nahrung.
Das Reh war nur wenig vertreten. Aber Elch und Wisent hat man überhaupt nicht festgestellt. Der Anteil der Wildschweine in der Nahrung war im Winter niedrig und wuchs im Sommer fast auf das Dreifache an (Tab. 3.2). Ursache ist zweifellos, daß sich Wölfe auf leicht zu erjagende Beute stürzen, und die bilden im Sommer die jungen Wildschweine. Eine interessante hervorzuhebende Einzelheit ist die zweimalige Feststellung von Resten der Sumpfschildkröte in den Exkrementen der Wölfe.
Besondere Aufmerksamkeit verdient die Tatsache, daß manchmal in den Mägen oder Exkrementen der Wölfe Überreste anderer Wölfe gefunden wurden (VAN BALLENBERGHE u. ERICKSON, 1993). In der Mehrzahl der Fälle von Kannibalismus wurden die Tiere als Aas gefressen. In Kanada stellte man in Wolfsmägen Reste von Wölfen fest, die vergiftet wurden oder in Fallen gefangen waren (FULLER u. NOVAKOWSKI, 1955). Es scheint, daß diese Exemplare schon tot waren und nicht durch Wölfe zu Tode kamen. Wenn sie dagegen noch lebend waren, wurden sie wahrscheinlich durch Wölfe eines fremden Rudels getötet und gefressen. Denn es ist kaum glaubhaft, daß Wölfe des eigenen Rudels, die emotional miteinander verbunden sind, sich töten (MECH, 1970).

3.4.2 Nahrungsbedarf des Wolfes

Wölfe können sich sehr gut an die Nahrungssituation anpassen. Sie sind imstande, auf einmal sehr große Futtermengen aufzunehmen, bis zu 9 kg, und auf der anderen Seite können sie längere Mangelperioden überstehen. In Gefangenschaft soll ein Wolf nach MYČKO und ŠUBKINA (1980) 1 bis 2 kg Fleisch pro Tag fressen. Nach Schätzungen von aufgenommener Beute auf der Wildbahn liegt der tägliche Nahrungsbedarf wesentlich höher. MECH (1970) beschreibt, wie ein Rudel von 15 oder 16 Wölfen im Laufe von wenigen Stunden die Hälfte eines erwachsenen Elchweibchens vertilgte. Das ergab durchschnittlich 9 kg pro Individuum. Eine Gruppe von 7 Wölfen fraß innerhalb von 24 Stunden etwa 3/4 eines erwachsenen Virginia-Hirsches sowie einen kleinen Hirsch bis auf den Mageninhalt vollständig auf. Das ergab etwa 12,5 kg je Individuum (PIMLOTT et al., 1969). In verschiedenen Untersuchungen errechnete Richtwerte des Verbrauchs unterscheiden sich erheblich: Nach KOLENOSKY (1972): 0,1 kg Fleisch je kg Körpermasse und Tag, nach MECH (1966): 0,13 bis 0,19 kg, nach FULLER und KEITH (1980): 0,15 kg, nach CARBYN (1983): 0,21 kg. Zur Aufrechterhaltung einer stabilen Körpermasse benötigen Wölfe im Zoo 0,03 kg Fleisch je kg Körpermasse und Tag (FLETCHER, 1967). Der Bedarf in der Wildbahn ist also zwei- bis viermal größer als in Gefangenschaft. Junge, heranwachsende Individuen benötigen zwei- bis dreimal mehr Nahrung je kg Körpermasse als Erwachsene.

Abb. 3.17
Wasser im Territorium ist lebensnotwendig (Foto: J. MC DONALD/ OKAPIA).

Drei Hypothesen versuchen, diesen hohen Nahrungsbedarf der Wölfe zu erklären:
1) Wölfe verbrauchen unter natürlichen Bedingungen bedeutend mehr Energie als bisher angenommen.
2) Zumindest ein Teil des Kalorienüberschusses wird in Vorratsfett umgewandelt, um Perioden mit unzureichendem Nahrungsangebot zu überwinden.
3) Die Verdauung ist unvollständig, wenn Nahrung in großen Mengen aufgenommen wird. Unbekannt ist, wieweit die Umgebungstemperatur den Nahrungsbedarf der Wölfe beeinflußt. Im größten Teil ihres Verbreitungsgebietes beträgt der Temperaturunterschied zwischen Sommer und Winter 50 °C (MECH, 1970). Das Wolfsfell besitzt jedoch ausgezeichnete Isolationseigenschaften. Es scheint, daß die sogenannte thermoneutrale Zone, der Temperaturbereich, in dem Lebewesen keine Energie zur Aufrechterhaltung einer stabilen Körpertemperatur verbrauchen, sehr umfassend ist und auch relativ niedrige Temperaturen (unter minus 30 Grad C) einschließt. Nur durch das Einatmen frostiger Luft tritt im Winter ein bedeutender Wärmeverlust ein. Die Messung des Grundumsatzes lieferte interessante Informationen über die Bioenergie-Umwandlung des Wolfes (OKARMA und KOTEJA, 1987). Der Grundumsatz, die Minimalgröße des Energiebedarfs eines nüchternen Individuums im thermoneutralen Temperaturbereich, wird auf der Grundlage des Sauerstoffverbrauchs je Zeiteinheit berechnet. Diese Größe schwankt von 7,28 Liter Sauerstoff je Stunde (O_2/h) bei

Abb. 3.18 Mit der langen Zunge wird das Wasser geleckt (Foto: NAC J. L. LEPORE/OKAPIA).

einjährigen Wölfen und bis 8,78 Liter bei erwachsenen Wölfen. Sie war um 15 % niedriger als der mittlere zu erwartende Grundumsatz für Raubtiere. Der größte Sauerstoffverbrauch eines Wolfes, der in Zeiten größter Anstrengung auftritt, das heißt bei sehr schnellem Lauf, ist 33mal größer als sein Grundumsatz. Die Spannweite zwischen dem Grundumsatz und dem maximalen Stoffwechsel eines Wolfes ist mindestens dreimal so groß wie durchschnittlich bei anderen Säugetieren. Der Wolf ist demzufolge vortrefflich anpassungsfähig an kurzdauernde, aber intensive Anstrengungen, wie zum Beispiel beim Verfolgen von Beutetieren, und an sparsame Energieausnutzung bei Nahrungsmangel (OKARMA und KOTEJA, 1987).

3.4.3 Verwertung der Beutetiere

Gleich nach dem Töten der Opfer beginnen die Wölfe, sie schnell aufzufressen. Sie zerren und reißen von allen Seiten an der Beute und verschlingen große Fleischstücke. Gewöhnlich werden zuerst das hintere Teil des Opfers und der aufgerissene Bauch gefressen. Besonders im Winter fressen Wölfe das Unterhautfettgewebe. Nach dem Verzehr der Flanken und einer Brustseite ist der Zugang zu den Körperhöhlen möglich. Anschließend werden Herz, Lunge, Nieren und die übrigen Innereien mit Ausnahme des Mageninhalts gefressen. Am Ende bleiben von der Mehrzahl der Opfer (Elch, erwachsener Hirsch) Kopf, Wirbelsäule, die Extremitätenknochen und ein Stück Haut übrig. Nach dem vollständigen Stillen des Hungers

Abb. 3.19
Wolf am frischen Riß. Gleich nach dem Töten beginnen die Wölfe mit dem Verzehr (Foto: OKARMA).

suchen die Wölfe einen bequemen Platz zum Ausruhen. Meistens schlafen sie gleich am Freßplatz einige Stunden (MECH, 1970).
Oft wird die Meinung zum Ausdruck gebracht, daß Wölfe nur die besten Stücke der Opfer fressen und den Rest vergeuden. Das kann sich ereignen, wenn die Wölfe sehr leicht eine große Anzahl von Opfern töten (CARBYN, 1983). Doch die entschiedene Mehrheit der Beobachtungen widerspricht dieser Ansicht. MECH, 1970, untersuchte 50 Elche, die als Opfer von Wölfen gefallen waren, und alle sind vollständig aufgefressen worden. Unter 477 Virginiahirschen, die in Kanada durch Wölfe getötet wurden, sind 376 mindestens bis zu 75 % konsumiert worden (PIMLOTT u. a., 1969). Im Białowieza-Nationalpark fand man in den Jahren 1986 bis 1989 Reste von 25 Hirschen und 6 Wildschweinen, die durch die Wölfe getötet worden waren. Von diesen Opfern blieben ausschließlich einige Knochen der Extremitäten, die Wirbelsäule und manchmal Kopf und Hautfragmente zurück (JĘDRZEJEWSKI u. a., 1992).
Wölfe kehren oft einige Male zu den Resten alter Beute zurück, zerbeißen und kauen die Knochen, an denen schon keine Fleischreste mehr vorhanden sind. Jugendliche Individuen der Opfer, z. B. Hirschkälber und Frischlinge, werden ganz und gar aufgefressen. LITVINOV stellte 1981 bei der Verfolgung von Wölfen fest, daß getötete Frischlinge von Wölfen vollständig konsumiert wurden. Von erwachsenen Opfern bleiben mehr Reste. Aber im allgemeinen fressen Wölfe alles, was nur irgendwie zu zerbeißen und zu verschlingen ist. Anders stellt sich die Situation der Zuchttiere, die durch

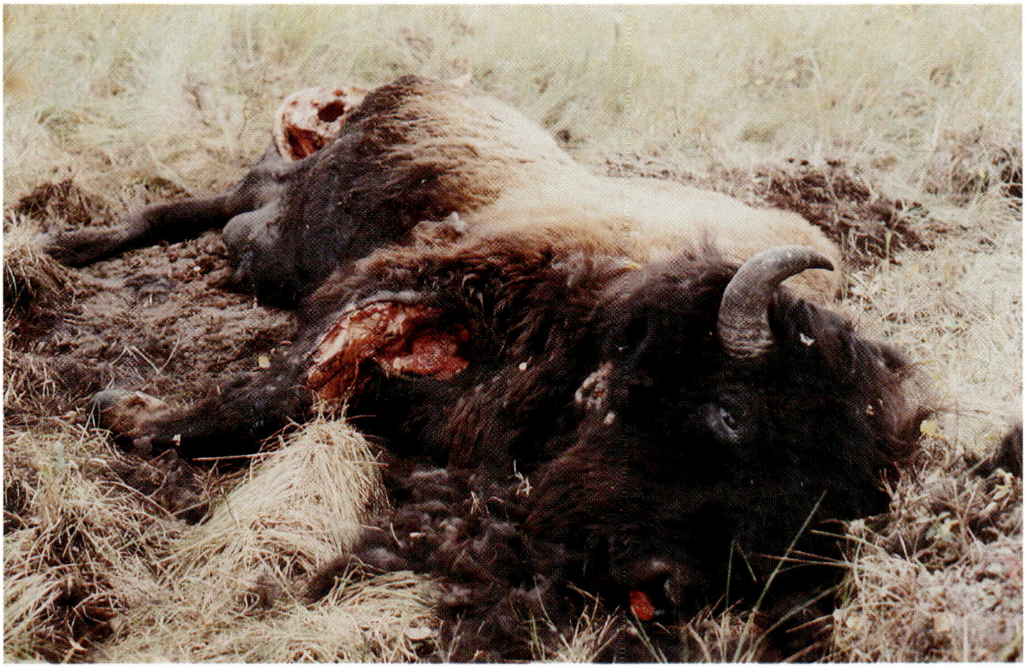

Abb. 3.20
Von Wölfen gerissener Bison (Foto: L. N. CARBYN).

Wölfe getötet werden, dar. Oft werden sie als Folge von Störungen durch die Menschen nur teilweise gefressen.

Die manchmal beobachtete Gewohnheit der Wölfe, Stücke der Beute zu verstecken (Vergraben im Schnee oder in der Erde) erfordert eine gesonderte Beschreibung. Der Wolf gräbt mit den Vorderfüßen ein nicht zu großes Loch und legt mit den Zähnen ein Fleischstück hinein. Anschließend scharrt er mit der Nase den Schnee oder die Erde wieder darüber. Das Vergraben von Fleisch ist selten bei Wölfen in Freiheit beobachtet worden und ereignet sich etwas öfter in arktischen Gebieten (MILLER u. a., 1985). Während der winterlichen Verfolgungen im Białowieza-Nationalpark wurde einmal festgestellt, daß ein Wolf den Platz aufsuchte, wo er den Kopf einer Hirschkuh unter dem Schnee versteckt hatte (W. JĘDRZEJEWSKI, unveröffentlichte Angaben). Wölfe in Gefangenschaft vergraben Fleisch regelmäßig (HARRINGTON, 1981). Es scheint, daß diese Gewohnheit zumindest in zwei Situationen vorteilhaft sein kann: Wenn ein oder zwei Wölfe ein großes Tier getötet haben und es nicht innerhalb kurzer Zeit fressen können, schützt das Vergraben die Beute vor Raben und aasfressenden Säugetieren. Im Sommer, wenn die Fliegenlarven die heftige Zersetzung des Fleisches im Laufe weniger Tage verursachen können, erlaubt sein Vergraben die längere Konservierung und den späteren Verzehr (MECH, 1970).

Die Deckung des Wasserbedarfes erfolgt durch Trinken mit der Zunge (Abb. 3.17 und 3.18).

Biologie und Ökologie: Population

Kapitel 4

4.1 Räumliche Organisation

Hinsichtlich der Art und Weise der Ausnutzung des Raumes ist die Wolfspopulation territorial organisiert. Das bedeutet, daß das ganze von Wölfen bewohnte Gebiet in eine Reihe von Territorien aufgeteilt ist, von denen jedes durch eine Gruppe von Wölfen besetzt ist (Abb 4.1). Das Wesen der Territorialität ist in der Regel die Verteidigung der begrenzten Nahrungsvorräte gegenüber fremden Individuen und Gruppen der eigenen Art.
Das Territorium eines Rudels umfaßt die Größe des Gebietes, in dem sich die Gruppe aufhält und jagt. Benachbarte Territorien können sich teilweise überdecken. Diese Pufferzone wird von Rudeln benachbarter Territorien genutzt. Auf diese Weise wird auf dem Gesamtgebiet der Population das Treffen mit anderen Gruppen vermieden oder minimalisiert.
Die Territorien können ein Gebiet von einigen Dutzend bis zu 13tausend Quadratkilometer umfassen (MECH, 1970). Ihre Größe hängt von der Umgebung, den Beutetierarten und deren zahlenmäßiger Stärke, der Größe der Wolfsgruppe, der Jahreszeit und anderen Faktoren ab. Im Sommer sind die Territorien in der Regel kleiner als im Winter. Denn die Notwendigkeit der Fütterung der Jungen zwingt die Erwachsenen zur regelmäßigen Rückkehr zur Höhle oder zum Rastplatz in nicht allzu langen Zeitabständen.
Im Winter, wenn es diese Einschränkung nicht gibt, kann das Rudel in einem bedeutend größeren Gebiet wandern. In Perioden des Überflusses an Beutetieren können die Wölfe ihre Aktivität auf den zentralen Teil des Territoriums begrenzen, und sie wandern nur von Zeit zu Zeit an seine Grenzen und markieren sie mit Harn. Die Größe des Territoriums korreliert, wenn auch schwach, zur Größe des Rudels (Abb. 4.2) (MC DONALDS, 1983).
Dort, wo die Wölfe migrierende Arten von Opfern jagen (z. B. Karibus im Gebiet der Tundra des amerikanischen Nordens), ist das System der Raumnutzung durch Wölfe ein anderes. Sie folgen den Huftieren in Rudeln nach und jagen in großen Gebieten. Und die Grenzen ihrer Territorien sind dadurch schwer zu bestimmen (STEPHENSON u. JAMES, 1982).
Einsame Wölfe besitzen kein Territorium, sondern bewegen sich im ganzen Gebiet, das durch die Population besiedelt ist. Daher vermeiden sie in der Regel von Gruppen eingenommene Bereiche. Rudel verfolgen und attackieren einsame Wölfe oft (MECH u. a., 1971a). Das Eindringen fremder Wölfe in das Territorium eines Rudels kann verhängnisvolle Konsequenzen haben. Im Falle eines Zusammentreffens mit den „Besitzern" des Territoriums kommt es zu Kämpfen, die oft mit dem Tode einiger Individuen enden (MECH, 1977). Deshalb werden Wolfsterritorien auch mit geeigneten Mit-

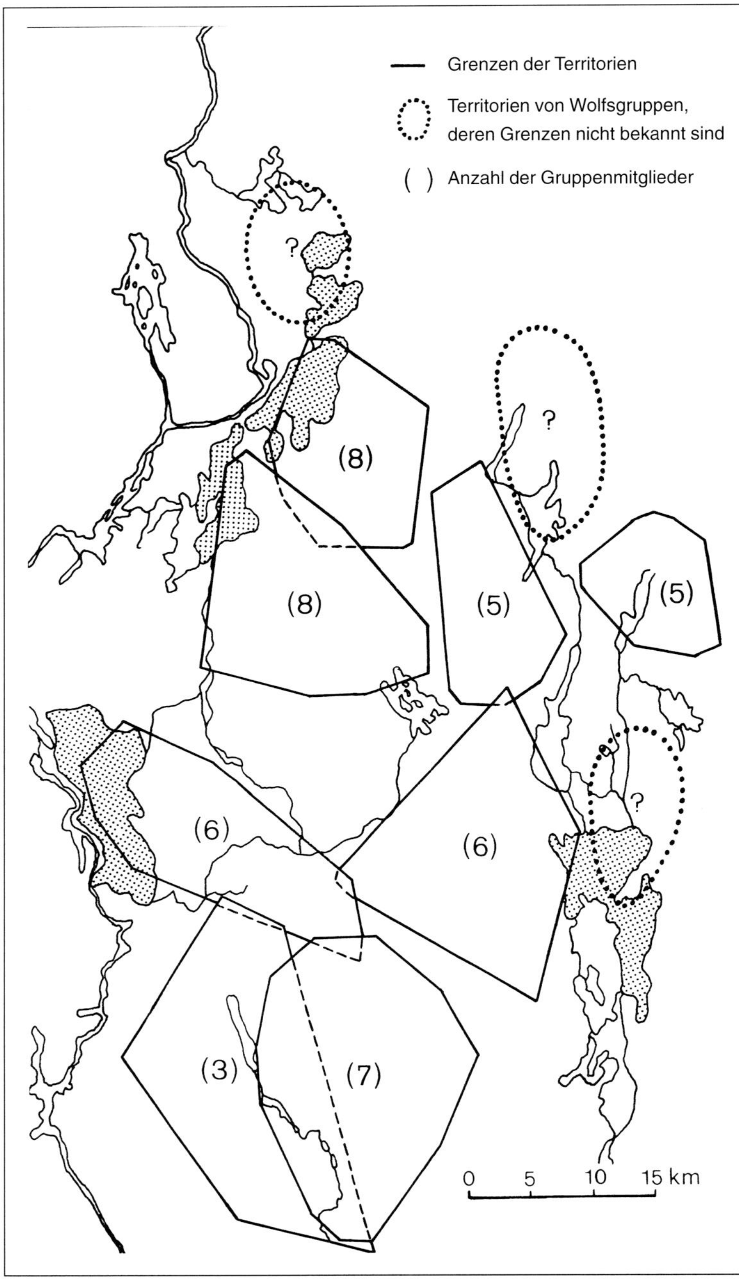

Abb. 4.1
Territorien von Wolfsgruppen im Nationalpark Papineau-Labelle (Kanada) in den Jahren 1982–83 (nach POTVIN, 1987).

teln gekennzeichnet, um maximal die Möglichkeit solcher Kämpfe zu vermeiden.
Eine wichtige Methode ist die Duftmarkierung mit Harn. Wölfe können den Geruch des Harns der Mitglieder ihrer Gruppe von dem fremder Individuen unterscheiden. Die Kennzeichnung mit Harn hat ihre eigene Spezi-

fikation, Grundsätze und Methoden. Ein Wolf gibt normalerweise den Harn in kauernder Position auf die Erde ab, jedoch während der Markierung hebt jedes Individuum ein Bein und spritzt eine kleine Menge Harn auf ein herausragendes Objekt, z. B. einen Baumstamm, einen Stein, einen Grenzpfosten oder einen Strauch. Solch eine Kennzeichnung wird in der Regel durch ein Individuum ausgeführt, das hoch in der Sozialstruktur der Gruppe steht, insbesondere durch ein dominantes Männchen. Ein dominantes Weibchen kennzeichnet auch mit Harn (oft dasselbe Objekt, das sein Partner markiert hat) (MERTL-MILLHOLLEN u. a., 1986). Die restlichen Weibchen, Männchen in niederem Rang und Junge geben den Harn gewöhnlich in Kauerstellung ab. Das hat weniger die Bedeutung der Markierung des Territoriums. Wenn ein Rudel durch sein Territorium wandert, markieren in der Hierarchie höher stehende Wölfe im Mittel etwa alle 350 Meter. Besonders intensiv wird nahe der Territoriumsgrenzen markiert (PETERS u. MECH, 1975) (Abb. 4.3). Nach der Harnmarkierung kratzen die Männchen (seltener die Weibchen) die Erde mit den Vorder- und Hinterfüßen. Eine gewisse Bedeutung in der Territoriumskennzeichnung hat auch die Kotentleerung (ALTMANN, 1988).

Die Duftkennzeichnung ist auch eine Uhr, die die Bewegungen einer Gruppe registriert. Wenn die Duftmarken alt sind, können die Wölfe aus den benachbarten Gebieten annehmen, daß die das Territorium besetzte Gruppe an dem betreffenden Ort nicht anwesend ist und man gefahrlos in die Pufferzone eintreten kann oder sogar in die Tiefe des fremden Territoriums zur Verfolgung von Beutetieren. Das Erkennen der „Frische" der Duftmarken ermöglicht den Wölfen größere Elastizität in der Raumnutzung. Gleichzeitig erlaubt das Erkennen, Konfrontationen zwischen rivalisierenden Gruppen zu vermeiden (MECH, 1970).

Eine zweite Methode der Territoriumskennzeichnung ist das Heulen, mit dem eine Gruppe von Wölfen ihre Anwesenheit in einem bestimmten Gebiet verkündet. Benachbarte Rudel antworten auf das Heulen, so können zufällige unmittelbare Begegnungen von Individuen verschiedener Gruppen vermieden

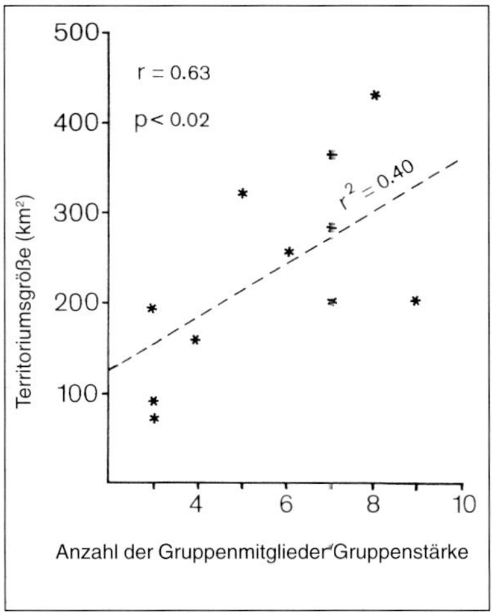

Abb. 4.2
Die Größe des eingenommenen Territoriums im Verhältnis zur Anzahl der Wölfe in der Gruppe (nach MC DONALDS, 1983)

Abb. 4.3
Die Verteilung der Harn-Markierungsplätze (mit erhobenem Bein) in den Territoriumsgrenzen einer Wolfsgruppe (O) sowie benachbarter Territorien anderer Gruppen (■○▲X) (nach PETERS u. MECH, 1975)

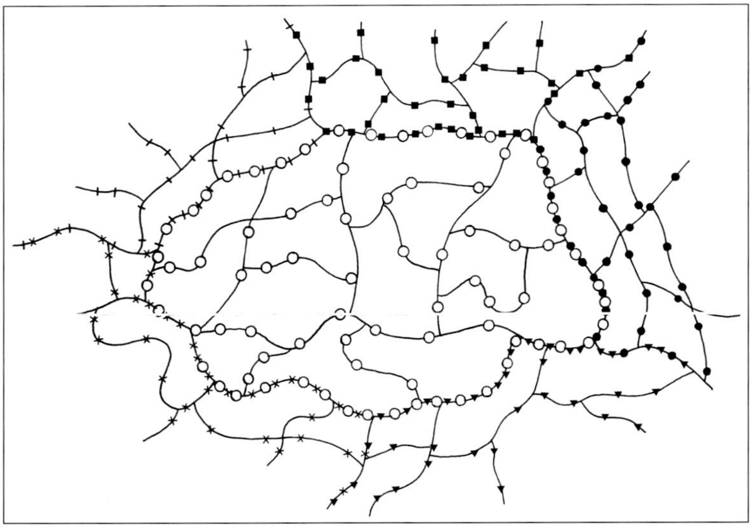

werden (HARRINGTON u. MECH, 1979). Die Häufigkeit des Heulens ändert sich bedeutend im Laufe eines Jahres. Am häufigsten heulen die Wölfe gegen Ende des Winters (Fortpflanzungssaison) und im August (Antworten der Jungen und des Rudels von den Rast- und Sammelplätzen) (Abb. 4.4). Häufiger heulen und antworten auf das Geheul größere Gruppen von Wölfen und in einzelnen Rudeln v. a. die dominanten Männchen. Auch nach gelungener Jagd, sich in der Nähe der Beute aufhaltend, antworten Wölfe unverzüglich auf das Geheul benachbarter Gruppen (HARRINGTON u. MECH, 1979). Das Heulen dient also als Mechanismus der Raumaufteilung. Dessen

Abb. 4.4
Die saisonale Veränderung des Heulens zweier Wolfsrudel, provoziert durch das simulierte Heulen eines Menschen (erfaßt durch die Häufigkeit der Antworten im Verhältnis zur Zahl der „Provokationen" (nach HARRINGTON u. MECH, 1978).

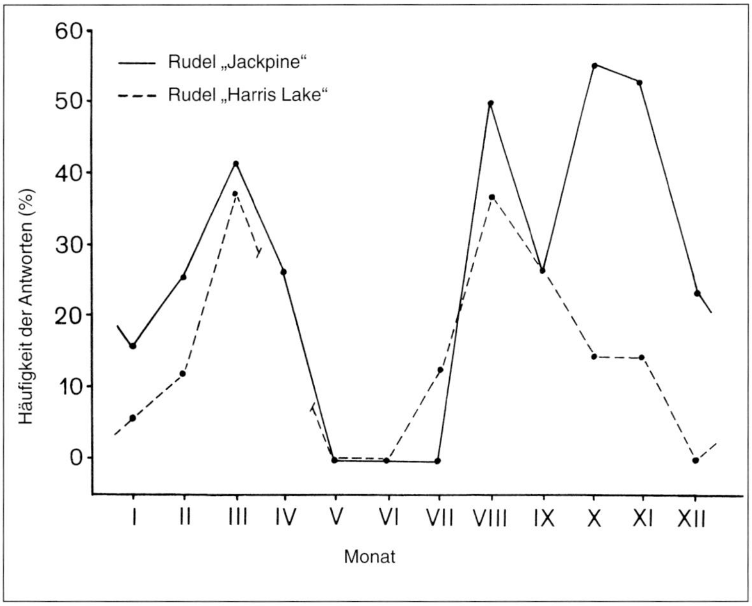

Ergebnis ist der Erhalt einzelner Territorien in den Populationen der Wölfe, die sich von Tieren ernähren, die nicht wandern. Das Heulen dient auch dazu, daß Pufferzonen von Wölfen, die wandernden Arten von Opfern nachjagen, beachtet werden (HARRINGTON u. MECH, 1983). Das Heulen erfüllt auch noch andere wichtige Funktionen, die weiter unten besprochen werden.

4.2 Sozialstruktur

Die grundlegende soziale Einheit in der Gesellschaft der Wölfe ist die Gruppe der zusammen wandernden, jagenden, fressenden und sich erholenden Individuen: Rudel genannt. Das Rudel ist ein Familienverband, der sich gewöhnlich aus einem reproduzierenden Paar und dessen Nachkommenschaft desselben Jahres oder vorhergehender Jahre zusammensetzt.
Zwischen den Mitgliedern eines Rudels bestehen starke Bindungen (Verwandtschaft, familiäre Verbundenheit, gegenseitige Hilfe). Die Größe des Rudels kann von 2 bis über 20 Individuen schwanken, meistens umfaßt es 5 bis 8 Tiere. Das bisher größte bekannte Rudel von 36 Wölfen wurde in Alaska beobachtet (RAUSCH, 1967).
Innerhalb eines Rudels besteht eine sehr strenge Sozialstruktur. Die dominanten Individuen sind gewöhnlich die Eltern: Alpha-Rüde und Alpha-Fähe. Zwischen ihnen und den in der sozialen Hierarchie tieferstehenden Individuen besteht eine Distanz, die vor allem in der Fortpflanzungssaison offenbar wird. Die Geschlechter bilden gesonderte Rangordnungen. Ausgenommen sind nur die Welpen. Die Rangordnung der Weibchen ist geradliniger und durch häufigere Aggressionen gekennzeichnet.
Dicht unter dem Alpha-Paar in der Hierarchie steht der Beta-Rüde, der auch eine wichtige Position innehat. In den meisten Rudeln ist der Alpha-Rüde der Vater des Rudels. Es kann aber vorkommen, daß er nicht an der Fortpflanzung beteiligt ist, dann verbindet sich der Beta-Rüde mit dem Alpha-Weibchen. Trotzdem bleibt der Alpha-Rüde der Dominante. Er leitet die Aktivitäten des ganzen Rudels an, auch wenn er nicht der Vater der Jungen ist.
Welpen beginnen schon im Alter von etwa einem Monat miteinander zu kämpfen. Dieses tagelange Ringen kann zur Festlegung hierarchischer Strukturen unter ihnen führen. Die größten Welpen sind häufig die aggressivsten. Sie werden meistens zu den Ranghöchsten der Gruppe (die sogenannten kleinen Dominanten).
In Wolfsrudeln mit deutlich ausgeprägter Sozialstruktur können sich darüber hinaus Individuen befinden, die von der Gruppe ausgestoßen sind. Sie haben eine so niedrige Position, daß sie dominanten Individuen ausweichen und an der Peripherie des Rudellebens bleiben. Diese Wölfe werden sehr häufig attackiert, durch andere verjagt, und bei Nahrungsmangel haben sie nur eine verschwindend kleine Chance zum Fressen der Reste der Beutetiere (ZIMEN, 1981, 1982).
Der Platz jedes Individuums in der Dominanzhierarchie kann früh im Leben festgelegt worden sein, er unterliegt jedoch Veränderungen infolge äußerer Umstände, vor allem durch Verlust eines Rudelmitgliedes oder das

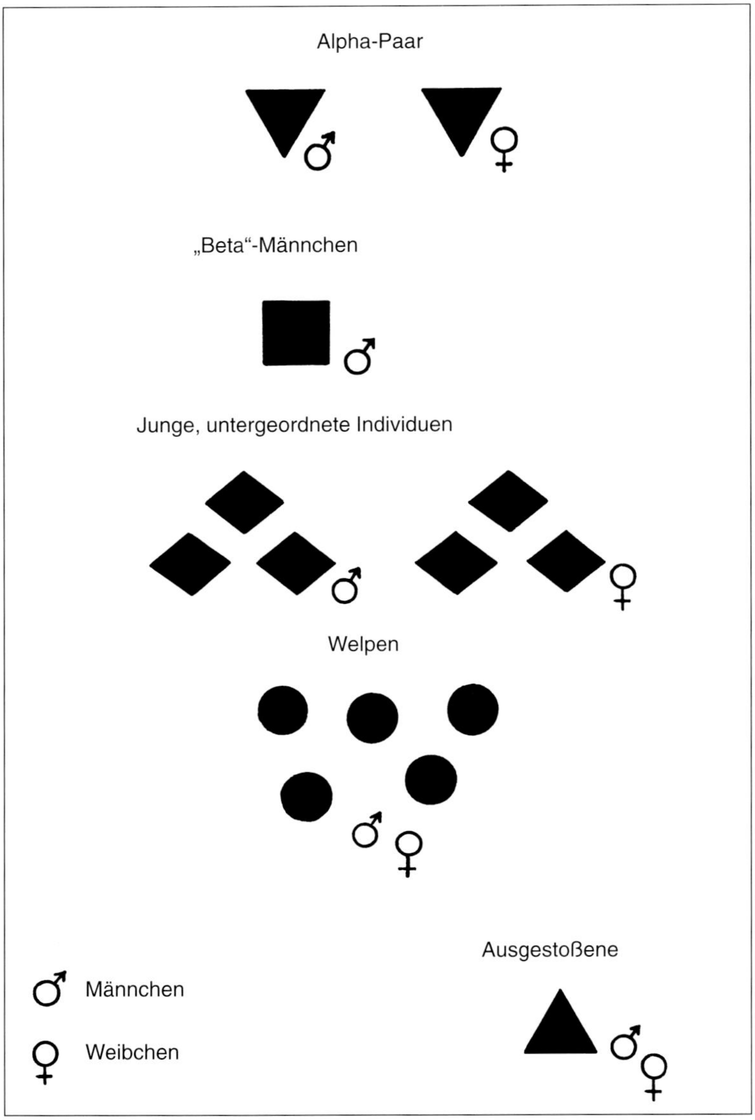

Abb. 4.5
Sozialstruktur einer Wolfsgruppe (nach JOHNSON u. AAMODT, 1985).

Hinzukommen eines neuen Individuums. Das Schema der Sozialstruktur von Wolfsrudeln stellt Abbildung 4.5 dar. Die Rangordnung in Wolfsrudeln hat zwei Aspekte:
Privilegierung und Führung (SCHENKEL, 1968). Privilegierung eines Individuums zeigt sich in Konfliktsituationen: Das privilegierte Tier zeigt Initiative und gewinnt das Konflikt-Objekt.
Führung besteht darin, daß der Dominante kontrolliert, Einfluß nimmt und das Verhalten anderer Gruppenmitglieder steuert. Das betrifft so wichtige Lebensbereiche wie Wanderung, Jagd, Nahrungsaufnahme und Fortpflanzung. MECH (1970) beobachtete, wie sich Wölfe einem Elch näherten:

Einer ging hinter dem anderen, wie im Gänsemarsch, in einer einzigen Spur. In allen Stadien der Attacke ist der Wolf an der Spitze der aggressivste. Er kann das Opfer noch lange verfolgen und beunruhigen, nachdem andere Individuen schon resignieren. Wenn Wölfe lange schlafen, dann wacht der Anführer gewöhnlich als erster auf und weckt die anderen durch Anstoßen. Die Führung umfaßt auch die Funktion eines Wächters. Bei Beunruhigung der Gruppe oder der Bedrohung des Höhlenbereichs übernimmt der Anführer die Initiative zur Verteidigung.

Auf welche Weise bildet sich ein Rudel? Es nimmt seinen Anfang von einem Elternpaar, das gewöhnlich aus verschiedenen Rudeln stammt. Nur ausnahmsweise sind alle Wölfe eines Rudels miteinander verwandt. Die erste Nachkommenschaft bleibt zumindest im ersten Winter bei den Eltern. Im Laufe der folgenden Fortpflanzungssaison paart sich das Alpha-Paar von neuem. So umfaßt das Rudel also nach zwei Jahren das Elternpaar, die vorjährigen und die diesjährigen Jungen. Wenn beide Würfe durchschnittlich groß sind und keine Sterbefälle eintreten, kann das Rudel auf 14 bis 16 Individuen ansteigen. Die tatsächliche Jungensterblichkeit reduziert jedoch die durchschnittliche Rudelgröße auf sieben oder weniger Individuen. Etwa nach der zweiten Fortpflanzungssaison bricht das Rudel in der bisherigen Zusammensetzung auseinander. Die Wölfe aus dem ersten Wurf sind geschlechtsreif geworden und können sich neue Partner suchen. So fallen alte Bindungen auseinander und ein Zyklus im Prozeß der Entstehung neuer Rudel ist beendet. Der nächste kann beginnen (MECH, 1970).

Nicht endgültig geklärt ist der zugrunde liegende Mechanismus für das Verlassen der Familiengruppe durch die jungen Wölfe. Auslöser kann die sexuelle Rivalität um das Alpha-Weibchen oder andere geschlechtsreife Weibchen aus der Gruppe sein, vielleicht aber auch das „Verlangen", neue Partner aus einem anderen Rudel zu finden. Beobachtungen an Wölfen, die in Gefangenschaft gehalten werden, weisen auf die Tendenz zum Auswandern der Wölfe hin, die in der sozialen Hierarchie ganz unten stehen. Bei Nahrungsmangel werden sie nicht an die Beute gelassen, und ihnen kann der Hungertod drohen (ZIMEN, 1976). Oft wandern auch Wölfe aus, die die Alpha-Stellung verloren haben (ZIMEN, 1975). Junge Männchen zeigen eine größere Tendenz auszuwandern als Weibchen (PACKARD u. MECH, 1983). In Abhängigkeit von der Populationsdichte wandern Wölfe bis zu 900 km (FRITTS, 1983, MECH, 1987). Wandernde Individuen stellen einen Reproduktionsüberschuß dar, der zum Ausfüllen entstandener Lebensraumlücken im Rahmen der Reichweite der Wolfspopulation bereit ist. Wenn zwei isolierte Individuen ein Paar bilden und ein Territorium besetzen, dann kann der Kern eines neuen Rudels entstehen (ROTHMANN u. MECH, 1979).

4.3 Soziale Verhaltensweisen

Infolge eines sehr hohen Grades der sozialen Organisation herrscht in einem Wolfsrudel in der Regel Harmonie und Ordnung (Abb. 4.6 und 4.7). Dafür sind besondere Individuen verantwortlich, deren Position in der funktionie-

Abb. 4.6 Wolfsrudel auf Wacht (Foto: G. SCHMIDT/OKAPIA)

Abb. 4.7 Gemeinsamer Verzehr der Beute (Foto: NAS P. & T. LEESON/OKAPIA)

Abb. 4.8
Sich balgende Wölfe (Foto: H. REINHARD/OKAPIA)

renden Sozialhierarchie des Rudels sehr hoch ist. Wenn die Situation in der Gruppe verhältnismäßig stabil ist und ihre Zusammensetzung unverändert bleibt, sind die Bedrohungen der sozialen Stellung jedes Individuums gering. Die Formen des Demonstrierens einer hohen Rangstellung sind dann in der Regel vollkommen friedlich. Einzige Ausnahme ist das Attackieren von Individuen in der niedrigsten Gruppenposition durch Dominante, die bei sich wiederholenden Attacken tödlich verletzt werden können. Dagegen finden oft bei äußeren Störungen des Rudels Konflikte zwischen den Individuen statt. Ein offener Kampf trägt sich jedoch selten zu, gewöhnlich nur zwischen den Konkurrenten zur Alpha-Position (SCHENKEL, 1947).
Die Harmonie in einem Wolfsrudel beruht auf der Fähigkeit der Verständigung untereinander, also der Möglichkeit der Informationsübertragung von einem Individuum zum anderen. Das erfolgt in erster Linie über optische, aber auch über geruchliche und akustische Signale.
In diesem Zusammenhang bestimmen Körperhaltung und Bewegungen sowie Laute und Gerüche die Beziehungen zwischen den Wölfen (SCHENKEL, 1947, 1968).

Verständigung mit Körperhaltung Es existieren zwei extreme Körperhaltungen des Ausdrucks: die der hohen Dominanz und die vollkommener Unterordnung sowie viele dazwischenliegende Stufen der sozialen Akzeptanz des Individuums. Hinsichtlich des visuellen Erkennens von Information ist der Kopf besonders wichtig (Abb. 4.9 und 4.10). Entblößte Zähne, das geöffnete Maul mit nach vorn gezogenen Mundwinkeln, gerunzelte Stirn, hochgestellte und nach vorn gerichtete Ohren zeigen eine vollstän-

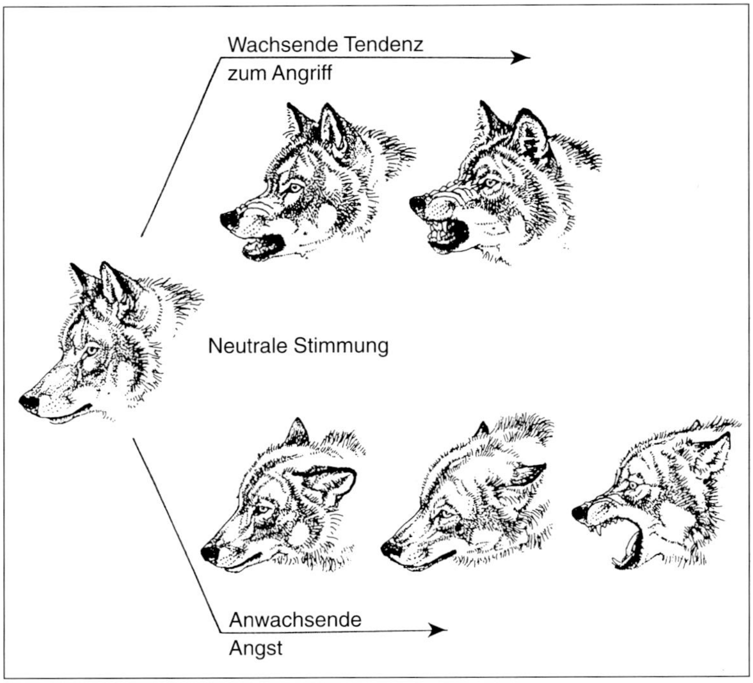

Abb. 4.9
Kopf eines Wolfes, der verschiedene Stufen der Dominanz (Aggression) und Unterordnung (Angst) ausdrückt (nach ZIMEN, 1981)

dige Drohnung des dominanten Wolfes an. Vollständige Unterordnung und Unsicherheit werden dagegen durch geschlossenes Maul mit weit nach hinten gezogenen Mundwinkeln und glatter Stirn mit schmalen Augenschlitzen ausgedrückt. Die Ohren sind nach hinten gerichtet und an den Kopf angelegt.

Ein sehr empfindlicher Indikator der Sozialstellung und des psycho-physiologischen Zustandes des Wolfes sind Haltung und Bewegungen des Schwanzes. Ein drohendes oder dominierendes Individuum hebt den Schwanz hoch über die Rückenlinie; ein untergeordnetes Individuum hält ihn sehr niedrig, oft eingeklemmt zwischen den Hinterbeinen (Abb. 4.11).

Die Schwanzbewegungen sind Spiegelbild verschiedener Empfindungen des Wolfes. Lockeres, freies Schwanzwedeln weist auf allgemeine Freundlichkeit hin, und bei untergeordneten Individuen übertragen sich die seitlichen Bewegungen des Schwanzes manchmal auf das ganze Hinterteil. Schnelle, heftige Bewegungen mit dem Schwanz oder nur mit dem Schwanzende erfolgen manchmal, wenn der Wolf in aggressiver Stimmung ist. Das Zittern des senkrecht in die Höhe gehobenen Schwanzes ist charakteristisch für einen Wolf von hoher sozialer Stellung, der ein anderes Individuum von ebenfalls hoher Stellung trifft.

Von wichtiger Information ist die Lagerung des Schwanzes in bezug auf die Analregion. Wenn zwei Wölfe sich nähern, beschnüffelt oft einer die Analregion des anderen. Der dominante hebt seinen Schwanz und demonstriert seine Analregion. Gleichzeitig beschnüffelt er sie am Individuum des niedrigeren Ranges. Wenn die soziale Stellung des untergeordneten

Wolfes sehr niedrig ist, klemmt dieser den Schwanz zwischen die Hinterbeine und senkt den Hinterkörper (Abb. 4.12). Diese Verhaltensweisen erfolgen fast automatisch und sind vorauszubestimmen.
Zielgerichtetete Verhaltensweisen sind um vieles komplizierter. Sie betreffen den ganzen Körper des Wolfes und setzen sich aus der Kombination von Haltungen des Kopfes, des Rückens, des Schwanzes und der Analregion zusammen. Sie machen Aussagen über die Persönlichkeit und den aktuellen psycho-physiologischen Status jedes Individuums.
Als antagonistische Verhaltensweisen treten zwei Extreme auf: (1) Drohen und keinen Widerspruch duldendes Verhalten von Dominanten sowie (2) Verteidigung und Unterlegenheitsverhalten untergeordneter Individuen. Zwischen (1) und (2) erstreckt sich aber eine ganze Skala von Verhaltensweisen mittlerer Intensitätsgrade.
In einem Rudel mit stabiler sozialer Situation zeigt ein Wolf von hoher Position meistens nur seine Dominanz. Am sanftesten und häufigsten wird sie als unbeweglicher, starrer Blick demonstriert. Der Dominante steht mit hoch erhobenem Schwanz und starrt durchdringend auf das untergeordnete

Abb. 4.10
Drohgesicht eines unsicheren, niederrangigen Wolfs (Foto: N. Reinhard/OKAPIA).

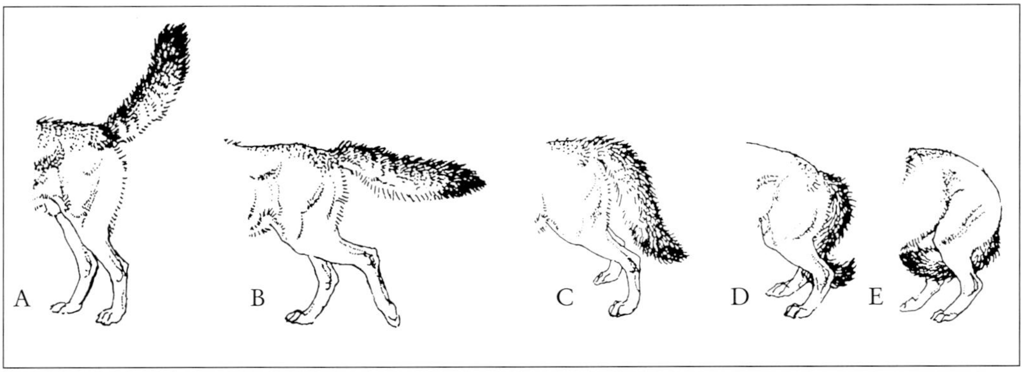

Abb. 4.11
Schwanzhaltungen und -bewegungen eines Wolfes und ihre Bedeutung: (A) Befangenheit und Erschrecken vor dem Gegner, (B) Angriff, (C) Neutrale Einstellung, (D) Demut, (E) Angst (nach ZIMEN, 1981)

Individuum, und jener zittert, oft wirft er sich sogar auf den Boden. Der Dominante kann ihn anschließend seitlich in den Körper schlagen oder stoßen (Abb. 4.13).
In einem Rudel mit weniger stabiler Situation oder mit starken Rivalitäten kann die Status-Demonstration der dominanten Wölfe mehr Drohelemente enthalten. Man kann dann eine Haltung beobachten, die ein Drohbeißen ausdrückt: Der Dominante entblößt die Zähne, knurrt, starrt das untergeordnete Individuum an, hebt die Ohren, spannt die Beine an und sträubt die Nacken- und Rückenhaare.

Abb. 4.12
Beriechen der Analregion (der Dominante mit erhobenem Schwanz) (nach MECH, 1970)

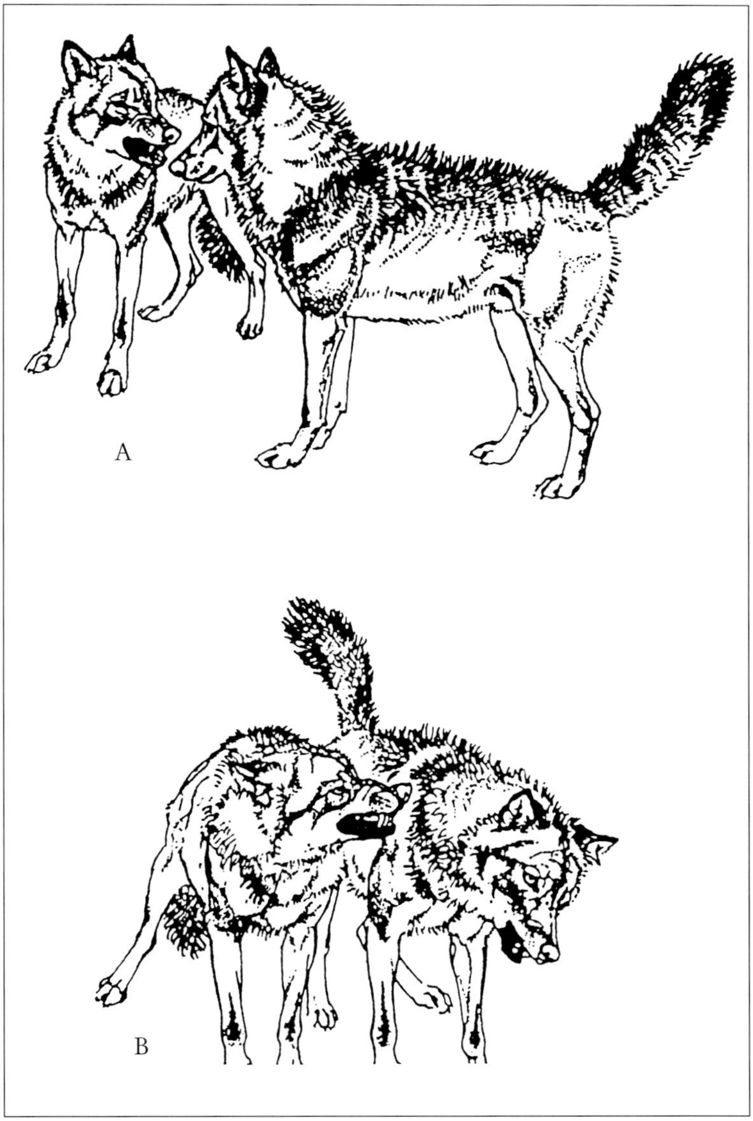

Abb. 4.13
Drohstellung des Dominanten (A) und der Seitwärtsschlag gegen das untergeordnete Tier (B) (nach ZIMEN, 1981)

Ein dominanter Wolf, der sich dem schwächsten Rudelmitglied nähert, demonstriert oft als plötzliche Attacke einen Sprung aus sich zur Erde geduckter Haltung wie aus dem Hinterhalt. Sowohl diese Form der Drohung als auch die vorhergehende können zum tatsächlichen Angriff übergehen, insbesondere zwischen Fremden. Wenn ein dominanter Wolf seine bevorzugte Stellung demonstriert, nehmen untergeordnete Wölfe Verteidigungsverhalten aktiver und passiver Unterwerfung ein (SCHENKEL, 1967). Ein Individuum in der Haltung aktiver Unterlegenheit ist etwas gekrümmt, hält den Schwanz niedrig, und die Ohren stehen flach am Kopf. Oft beleckt oder ergreift es leicht mit den Kiefern das Maul des Dominan-

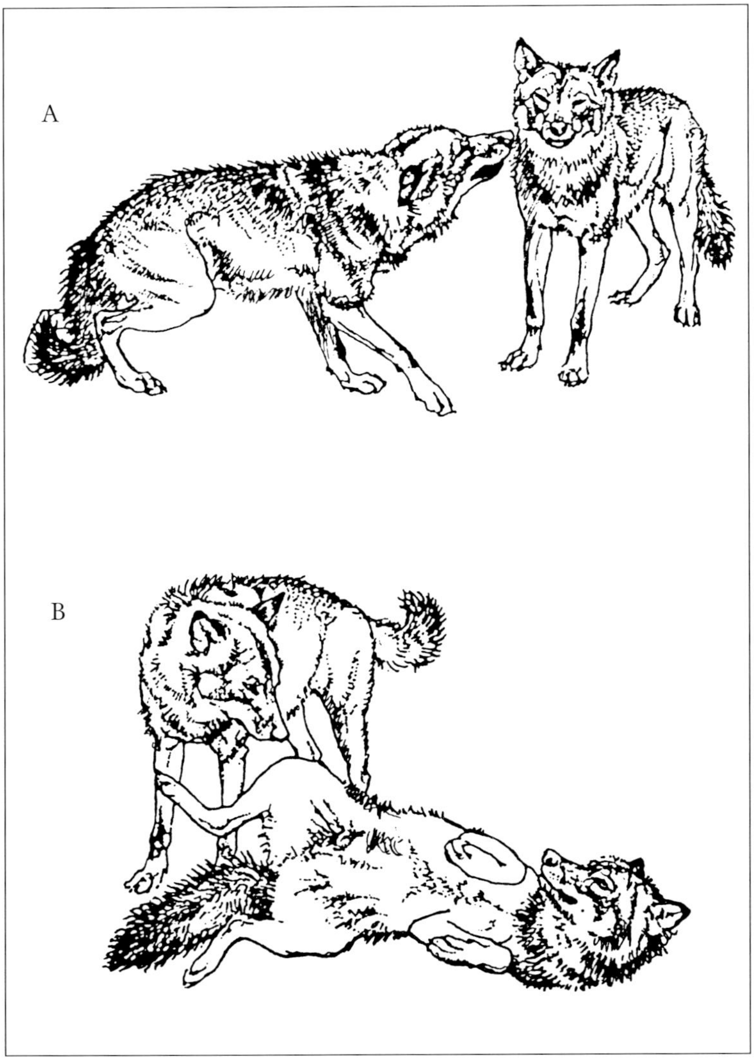

Abb. 4.14
Haltung aktiver (A) und passiver Unterordnung (B) (nach ZIMEN, 1981)

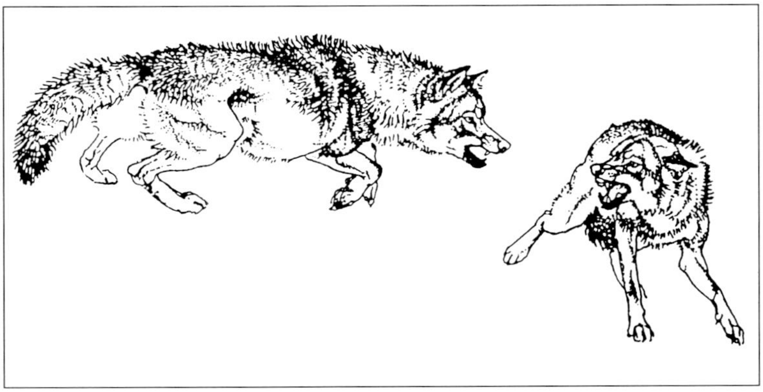

Abb. 4.15
Haltung kraftvoller Unterordnung (mit Elementen der Drohnung), sichtbar bei einem Wolf niederer sozialer Position als Antwort auf die Aggression des Dominanten (nach ZIMEN, 1981)

Abb. 4.16
Beispiele für aggressive (A) und spielerische (B) Verhaltensweisen von Wölfen (nach ZIMEN, 1981)

Abb. 4.17
Beriechen der Halsseite und des Nackens (nach ZIMEN, 1981)

ten. Passive Ergebenheit ist eine äußerst extreme Haltung. Und ihre Haupteigenschaften sind „Furcht" und „demonstrierte Ratlosigkeit". Der unterlegene Wolf liegt teilweise auf dem Rücken, demonstriert die Bauchseite. Der Schwanz liegt zwischen den Hinterschenkeln (Abb. 4.14).
Die häufigste Haltung der untergeordneten Wölfe ist die Ergebenheit. Doch beobachtet man bei ihnen unter den Bedingungen starker Bedrohung durch Dominante ein Verhalten, das sowohl Elemente der Verteidigung als auch der Drohung umfaßt: gekrümmter Rücken, eingezogener Schwanz, zugleich Schnappen mit dem Maul und Entblößen der Zähne (Abb. 4.15). Weitere Verhaltensmuster stellt Abb. 4.16 dar. Das oben Besprochene ist gezwungenermaßen sehr oberflächlich. Visuelle Verhaltensmuster, Haltung und Bewegung, drücken Informationen über die psychophysiologische Disposition eines Wolfes und seine soziale Position aus. Diese Verhaltensweisen werden durch die Individuen erkannt, an die diese Verhaltensmuster adressiert sind, und das wiederum beeinflußt den Wolf, der die Verhaltenskette ausgelöst hat. Dieser Prozeß läuft also nach dem Prinzip der Rückkopplung ab.

Verständigung mittels Geruch Wölfe reagieren auf feinste Geruchsreize, die weit außerhalb der Reichweite der Geruchswahrnehmung des Menschen liegen. Schwer ist es, diese Art von Informationübertragung von der visuellen Kommunikation abzugrenzen. Denn ein Teil der Verhaltensweisen umfaßt beide Sinne.
Die auf den Geruchssinn gestützten Verhaltensweisen betreffen den Anogenitalbereich sowie Kopf und Halsregion. An der Analregion gibt es fünf mögliche Geruchsquellen: Geschlechtsdrüsen, Violdrüse, Analdrüsen, Harn- und Kotduft. Männchen, die in freundschaftlichen Beziehungen zueinander stehen, und Individuen gegensätzlichen Geschlechts beriechen vor der Fortpflanzungsperiode oft Kopf und Halsseiten, indem sie die Nase so tief in den Pelz eintauchen, daß die Haut berührt wird (SCHENKEL, 1967) (Abb. 4.17).

Abb. 4.18
Beim Heulen wird der Kopf hoch gestreckt (Foto: M. H. FRANCIS)

Akustische Verständigung JOSLIN, 1966, unterschied bei Wölfen vier grundlegende Lautformen: Winseln, Knurren, Bellen und Heulen.
Das Winseln ist am wahrscheinlichsten die Stimme, die auf Freundschaft und Ergebenheit hinweist. Spielende Wölfe geben es unweit des Nestes ab, das Weibchen während der Läufigkeit und mit Jungen sowie untergeordnete Individuen angesichts der Drohung dominanter Artgenossen. Das Winseln ist nur auf eine Entfernung von 100 bis 200 m hörbar. Deshalb hört man es in der freien Wildbahn nur selten.
Das Knurren ist eine tiefe Rachenstimme, die Aggressivität demonstriert. Es wird von einem Dominanten abgegeben, der einem untergeordneten Artgenossen mit Beißen droht.

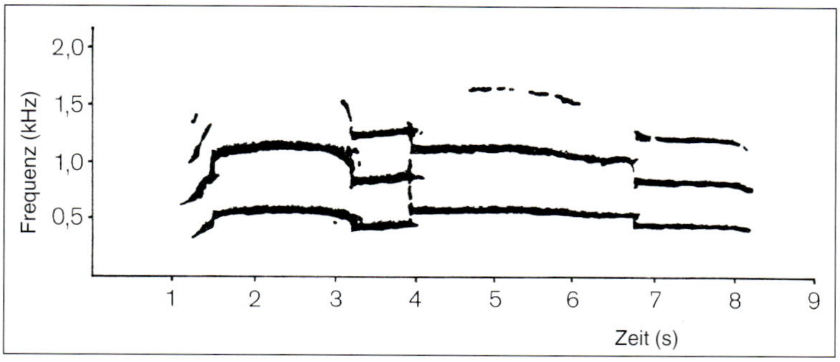

Abb. 4.19
Sonogramm des Heulens eines erwachsenen Wolfes (nach HARRINGTON u. MECH, 1978)

Abb. 4.20
Winselnd versuchen die Welpen mitzuheulen (Foto: NAS T. MC HUGH/OKAPIA).

Bellstrophen, wie wir sie von den Hunden kennen, gibt es beim Wolf nicht. Beim Wolf ist Bellen sehr selten zu hören, in der Wildnis wie auch in der Gefangenschaft. Es ist nur ein kurzer Laut, der mit tiefer, grober Rachenstimme abgegeben wird. JOSLIN, 1966, beschreibt zwei Arten des Bellens: die erste, sehr kurz, bedeutet Alarm, und die zweite ist eine Herausforderung oder eine gegen Eindringlinge gerichtete Drohung.
Am häufigsten hört man in der Wildbahn das Heulen. Seine Beschreibungen sind so unterschiedlich wie die Einstellung des Menschen zu den Wölfen: von einer düsteren, unheimlichen, begierlichen Mörderstimme bis zum klangvollen, hoffnungsvoll-schönen Lied. Etwas weniger romantisch kann Heulen als ein langer tiefer und ergreifender Ton (Frequenz: 150 bis 780 Hz) be-

schrieben werden. Er kann von etwa einer halben Sekunde bis zu 11 Sekunden dauern (Abb. 4.19). Das Heulen variiert zwischen den verschiedenen Individuen und ist bei jedem Wolf nicht immer gleich (THEBERGE u. FALLS, 1967; HARRINGTON u. MECH, 1978; NIKOLSKI u. FROMMOLT, 1989).
Unmittelbar vor Beginn des Heulens winseln die Wölfe oft und wedeln mit den Schwänzen. Danach heben sie das Maul und beginnen zu heulen. Der einzelne Wolf heult im Mittel ungefähr 35 Sekunden, worauf eine Vielzahl sich wiederholender Stimmen einfallen. Beim Gruppenheulen beginnt ein Individuum, und nach seiner ersten oder zweiten Strophe verbinden sich die übrigen mit ihm. Jeder Wolf beginnt anfangs einige Male kurz und tief, aber dann beenden sie nach einer Serie von kurzen und hohen Stimmen gemeinsam, manchmal im choralen Gleichklang mit den restlichen Rudelmitgliedern, das Heulen. Solches Gruppenheulen dauert etwa 1,5 Minuten, und manchmal folgt darauf ein zweites, aber schon bedeutend kürzeres. Ein Rudel heult gewöhnlich nicht vor dem Ablauf von 15 bis 20 Minuten erneut (JOSLIN, 1966). Ein Wolfsrudel kann zu jeder Zeit heulen – in der Nacht und über den Tag. Das Heulen kann man in allen Monaten des Jahres hören. Aber in Mai und Juni nimmt seine Häufigkeit bedeutend ab, wahrscheinlich, um den Ort ihrer Höhle mit den Jungen geheimzuhalten. Diese Beobachtungen wurden auch im Tierpark Berlin gemacht (SCHÖNBERNER, 1965). Welpen versuchen winselnd mitzuheulen (Abb. 4.20) (D. LANGWALD).

4.4 Regulation der Populationsgröße

Als Regulation der Populationsgröße bezeichnet man die ständige Anpassung der Größe der Population an das kritische Niveau, das durch die Nahrungsmenge bestimmt wird. Wenn sich die Anzahl der möglichen Beute verkleinert, so nimmt auch die Anzahl der Wölfe ab. Es existiert ein Rückkopplungsmechanismus: Die Dichte der Beutetiere beeinflußt die Anzahl der Wölfe, aber auch die Wölfe wirken auf die Populationsdichte der Opfer. Die zahlenmäßige Größe der Wolfspopulationen in der Welt wird gegenwärtig durch den Menschen reguliert, und das in einer dramatischen Weise – durch Jagd und Vernichtungsaktionen. Natürliche Regulationsfaktoren wirken sich nur sporadisch aus.
Unter natürlichen Bedingungen sind Größe und Erreichbarkeit der Nahrung die wichtigsten Regulationsfaktoren einer Tierpopulation. In Perioden mit Nahrungsmangel unterliegen Tierpopulationen der Wirkung ungünstiger Faktoren, die ihre Anzahl vermindern. EBERHARDT, (1977), gibt folgende Faktoren an:
- Vermindertes Überleben der Jungen
- verspätete Geschlechtsreife
- verminderte Vermehrung und
- erhöhte Sterblichkeit der Erwachsenen.

Die Untersuchungen einer Wolfspopulation in Minnesota lieferten ein anschauliches Beispiel (MECH, 1977). Die Populationsgröße war in der Wintersaison 1966/67 und 1968/69 verhältnismäßig stabil. Aufeinanderfol-

gende harte Winter, Veränderungen der Umwelt und die Jagd der Wölfe führten zu einem schnellen Abfall der Zahl der Virginia-Hirsche. Im Winter 1974/75 war der Bestand an Hirschen über die Hälfte kleiner als der Bestand zu Beginn der Untersuchungen. Die verminderte Nahrungsmenge führte zur Unterernährung der Wolfsjungen. Zusätzlich verminderten sich die Anzahl und Größe der Würfe. Einzelne Rudel drangen in die Territorien anderer Gruppen von Wölfen auf der Suche nach Nahrung ein, was Konflikte verursachte. Zum Beispiel war die Mortalität der erwachsenen Wölfe in den Jahren 1974–1975 im Untersuchungsgebiet ausschließlich durch Artgenossen bedingt.
Untersuchungen der Abhängigkeit zwischen Elchen und Wölfen in Kanada lieferten noch mehr Beweise dafür, daß die Nahrungsmenge der grundlegende Regulationsfaktor der Anzahl der Wölfe ist. Ein Ergebnis niederer Bestandsdichte von Elchen, die dort die einzigen größeren Beutetiere der Wölfe waren, war die Vergrößerung der Sterblichkeit der Wölfe und die Verkleinerung der Wurfgröße (MESSIER, 1985). Zusammen mit der abnehmenden Bestandsdichte von Elchen verringerte sich das Wachstumstempo der Welpen (kleinere Masse und Körperlänge) und die Körpermasse der erwachsenen Wölfe (MESSIER, 1987).
Außer den besprochenen äußeren auf die Nahrung bezogenen Regulationsfaktoren in den Wolfspopulationen haben soziale Faktoren wesentliche Bedeutung. Sie spielen vor allem bei normaler und großer Nahrungsmenge eine besondere Rolle. Insbesondere regulieren die sozialen Faktoren die Populationsgröße der Wölfe auf folgende Weise:

Territorialität und innerartlicher Konflikt Diese beiden Elemente beeinflussen unmittelbar die Populationsgröße, denn sie teilen das gesamte Gebiet einer Population in eine begrenzte Anzahl von Territorien auf. In deren Bereichen befindet sich in der Regel nur ein reproduzierendes Paar. Bei hoher Bestandsdichte von Wölfen ist es fast unmöglich, daß ein neues Paar hier sein Territorium errichtet und sich vermehren kann (PACKARD u. MECH, 1983).
Der Raumanteil am Territorium wird durch aggressive Verhaltensweisen beim Zusammentreffen zweier Rudel sowie durch Duftkennzeichnung und Heulen behauptet (PETERS u. MECH, 1975; HARRINGTON u. MECH, 1979). Wenn die Anzahl der Opfer hoch ist, jagen die Wölfe fast nie in den Pufferzonen zwischen den Territorien. Wenn sie aber keine ausreichende Menge an Beutetieren im Zentrum des Territoriums finden, jagen sie auch in den Pufferzonen, wobei es zu Scharmützeln kommen kann, manchmal sogar mit tödlichem Ausgang (MECH, 1977; PETERSON, 1977; MESSIER, 1985).

Begrenzte Vermehrung Die Produktivität einer Population wird durch die Anzahl der vermehrungsfähigen Individuen in jedem Territorium sowie durch die Anzahl der Territorien mit vermehrungsfähigen Individuen in einem durch die Population besetzten Gebiet reguliert. In der Regel bringt nur ein Weibchen des Rudels Junge. Es wurden nur wenige Fälle beobachtet, daß sich zwei Weibchen in einem Rudel bemühten, sich mit dem Männchen zu paa-

ren, tragend wurden und Junge warfen (MURIE, 1944; JORDAN u. a., 1967; RAUSCH, 1967; ALTMANN, 1986; PETERSON, 1977). Meist aber überlebten die „zusätzlichen" Würfe nicht.
Der Einfluß der Fortpflanzung auf die zahlenmäßige Stärke der Population ist offensichtlich. Zum ersten wird dadurch das Reproduktionspotential der Population begrenzt, weil sich gewöhnlich nur ein Weibchen mit sicherem Erfolg vermehrt. Zum zweiten erlaubt es auch zusätzlichen Weibchen, sich zu vermehren, wenn es die Nahrungsvorräte erlauben (PACKARD u. MECH, 1983).

Geschlechtsreife Unter natürlichen Bedingungen erlangen die Weibchen nicht vor dem zweiten oder dritten Lebensjahr die Geschlechtsreife, in Ausnahmefällen aber auch schon im Alter von zehn Monaten (ZIMEN, 1975; MEDJO u. MECH, 1976; SEAL u. a., 1979). Es ist möglich, daß die Geschlechtsreife über soziale Einflüsse oder schlechte Ernährung oder einer Kombination dieser Faktoren verzögert wird. Das könnten deshalb wichtige die Rudelgröße regulierende Faktoren sein.
Gleich wichtig wie die Geschlechtsreife ist die Verhaltensreife (WOOLPY, 1968). Junge Wölfe unterliegen trotz erreichter Geschlechtsreife in der sexuellen Konkurrenz den älteren Wölfen. Eine Bestätigung dafür ist auch, daß einige junge, anatomisch noch nicht geschlechtsreife Weibchen sich wie ältere Weibchen, die schon an der Fortpflanzung teilgenommen hatten, verhielten, indem sie sich aktiv an der Aufzucht der Jungen beteiligten. Möglicherweise ist das eine Art „Verhaltenspraktikum" vor der eigentlichen Fortpflanzung (ALTMANN, 1986; MECH u. SEAL, 1987).

Expansion Durch Expansion der Wölfe können bei hoher Bestandsdichte Abfall der Populationsstärke und bei niedriger Bestandsdichte Anwachsen der Populationsstärke bewirkt werden. In Gebieten mit hoher Bestandsdichte werden eingewanderte Wölfe durch die das Territorium besitzenden Rudel verfolgt, was zu ihrer hohen Sterblichkeit beiträgt (MECH, 1977). Diese Individuen bilden eine Art „Überproduktion" und erst, wenn freie Gebiete an den Grenzen der Populationsausbreitung entstanden sind, können sie eigene Territorien gründen. Der Einfluß der Nahrungs-, sozialen und Altersfaktoren auf die Expansion der Wölfe ist nicht ausreichend bekannt. In Untersuchungen in Minnesota wurde festgestellt, daß Wölfe dort in sehr unterschiedlichem Lebensalter auswanderten, gewöhnlich mit 9 bis 28 Monaten, aber einige blieben bis zu 4,5 Jahren in der Gruppe, in der sie geboren wurden (PACKARD u. MECH, 1983; MECH, 1987).
In Anlehnung an Untersuchungen von Wölfen in Gefangenschaft unterscheidet man zwei Ursachen für das Verlassen der Gruppe:
– gezwungenes und
– freiwilliges Verlassen.
Das erzwungene Verlassen der Gruppe kann das Ergebnis starker sexueller Rivalität zwischen Geschwistern wie auch der Nachkommenschaft mit den Eltern sein. Man hat auch festgestellt, daß bei Nahrungsmangel oft untergeordnete Individuen (meistens Weibchen) durch die dominanten nicht ans

Fressen herangelassen werden. Vielleicht ist der Hunger ein Anstoß zum freiwilligen Verlassen des Rudels (ZIMEN, 1976). Diese Beobachtungen wurden durch die Ergebnisse der Untersuchungen an freilebenden Wölfen in Kanada bestätigt. Wenn die Nahrungsmenge klein war, wanderten und jagten junge Wölfe und erwachsene Weibchen bedeutend öfter als Männchen außerhalb des Territoriums des eigenen Rudels (MESSIER, 1985). Die Abwanderung aus dem Rudel erfolgte meistens in der Fortpflanzungsperiode und durch untergeordnete Wölfe (PETERSON u. a., 1984b).

Ungleiches Verhältnis der Geschlechter Wölfe sind während einer Fortpflanzungssaison in der Regel monogam. Deshalb übt auch jede Störung des Geschlechterverhältnisses von 1:1 Einfluß auf das Reproduktionspotential der Population aus. MECH (1975 b) stellte fest, daß in dichten Wolfspopulationen in Minnesota mehr männliche als weibliche Welpen geboren wurden oder zumindest überlebten. Zusammen mit dem Abfall der Menge der potentiellen Opfer wächst der proportionale Anteil der Männchen in der Nachkommenschaft noch mehr. Es scheint, daß dieser Faktor die Größe der Population auf zweierlei Art regulieren kann:
1) Weil Männchen in Populationen von hoher Dichte die Tendenz zur Migration in große Entfernungen mehr zeigen als Weibchen, könnte dieses Übergewicht der sich ausbreitenden Männchen die Zahl der einsamen Wölfe in lokalen Populationen vermindern.
2) In Populationen, die unter Nahrungsmangel leiden, könnte das Ergebnis bedeuten, daß weniger potentielle Paare und damit weniger Weibchen zum Besetzen von neuen Territorien fähig sind.
Veränderungen der Nahrungsressourcen erzwingen Veränderungen in der Sozialstruktur der Wölfe. Sie beeinflussen regulativ die zahlenmäßige Stärke der Population auf 3 Arten:
1) Sie verursachen, daß das tatsächliche Tempo des Populationswachstums bedeutend kleiner ist als das mögliche Wachstum.
2) Sie verzögern die Abnahme oder das Anwachsen der zahlenmäßigen Populationsgröße als Antwort auf die Veränderungen der zugänglichen Menge an Beutetieren.
3) Sie sind verantwortlich für die ungleichmäßige Verteilung der Nahrung unter den Rudelmitgliedern, wodurch Wölfe niederer sozialer Position unterernährt werden (PACKARD u. MECH, 1980).
Die Veränderungen der sozialen Faktoren in Abhängigkeit von der zahlenmäßigen Stärke der Wolfspopulation und der Nahrungsmenge stellt Tabelle 4.1 dar.
Die Anzahl der Wolfspopulationen wird gegenwärtig durch den Menschen reguliert. Wolfsvernichtungsaktionen wurden und werden auch weiterhin in Nordamerika und auf dem Gebiet der früheren UdSSR unternommen. CARBYN (1974) wies nach, daß Veränderungen der Anzahl der Wölfe im Jasper-Nationalpark, Kanada, in hohem Maße ein Ergebnis des Verfolgens von Wölfen im angrenzenden Gebiet sind. In Europa begrenzt nur der Mensch in drastischer Weise die Anzahl von Wölfen, noch ehe ihre Populationsgröße ein Niveau erreicht hat, das die Herausbildung natürlicher

Tabelle 4.1 Die Populations- und Reproduktions-Situation der Wölfe verschiedener sozialer Kategorien in Abhängigkeit von der Populationsdichte der Wölfe und ihrer Opfer (nach PACKARD u. MECH, 1980).

hohe Dichte der Wölfe/hohe Dichte der Opfer 1. Stabile Population von hoher Dichte. 2. Konflikt zwischen den Gruppen von durchschnittlicher Intensität. 3. Durchschnittliche Wahrscheinlichkeit der Vermehrung der Weibchen niederer Position (abhängig von der Sterblichkeit dominanter Weibchen in Konflikten zwischen den Gruppen). 4. Geringe Möglichkeit der Gründung neuer Territorien durch migrierende Individuen. 5. Kleiner Anteil sich vermehrender Weibchen.	**hohe Dichte der Wölfe/niedrige Dichte der Opfer** 1. Populationsstärke verkleinert sich. 2. Hohe Wahrscheinlichkeit für Konflikte zwischen Gruppen. 3. Höchste Wahrscheinlichkeit der Vermehrung von Weibchen niederer Position, weil viel dominante Weibchen in Konflikten zwischen den Gruppen getötet werden. 4. Geringe Möglichkeit der Gründung eigener Territorien durch migrierende Individuen. 5. Großer Anteil sich vermehrender Weibchen wegen schwacher Fortpflanzung sowie hoher Sterblichkeit untergeordneter Individuen.
niedrige Dichte der Wölfe/hohe Dichte der Opfer 1. Wachsende Anzahl von Populationen. 2. Kleine Konfliktwahrscheinlichkeit zwischen den Gruppen. 3. Spärliche Wahrscheinlichkeit der Vermehrung von Weibchen niederer Position, weil die Sterblichkeit der dominanten Weibchen sehr klein ist. 4. Größte Möglichkeit zur Gründung eigener Territorien durch migrierende Individuen. 5. Hoher Anteil reproduktiver Weibchen, weil migrierende Individuen neue Rudel gründen. Hohe Fortpflanzungskennziffern.	**niedrige Dichte der Wölfe/niedrige Dichte der Opfer** 1. Stabile Population von niedriger Dichte. 2. Kleine Konfliktwahrscheinlichkeit zwischen den Gruppen. 3. Spärliche Wahrscheinlichkeit der Vermehrung von Weibchen niederer Position, weil die Sterblichkeit der dominanten Weibchen sehr klein ist. 4. Migrierende Individuen können ein eigenes Territorium gründen, aber keine Jungen aufziehen. Diese gehen durch Nahrungsmangel zugrunde. 5. Durchschnittlicher oder niedriger Anteil reproduktiver Weibchen wegen verschwindend kleiner Möglichkeiten der Fortpflanzung der migrierenden Individuen.

Abb. 4.21
Veränderung der Anzahl der Wölfe im polnischen Teil des Białowieza-Urwaldes in den Jahren 1935 bis 1991 (Inventur-Daten). Daten des Jahres 1935 für das gesamte Urwald-Gebiet wurden auf den westlichen Flächenanteil umgerechnet (nach MIŁKOWSKI, 1976).

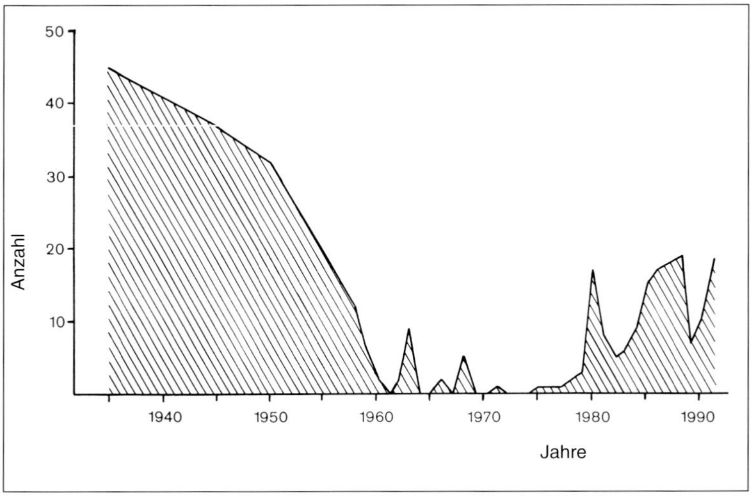

Regulationsfaktoren erlaubt. In Skandinavien wurden die Wölfe fast vollständig ausgerottet (HAGLUND, 1975). Die periodische Zunahme ihrer Anzahl ist höchstwahrscheinlich ein Ergebnis der Zuwanderung aus Karelien (Rußland) (PULLIAINEN, 1982; BJÄRVALL, 1983).

In Polen führte die „Wolfs-Aktion" in den 50er Jahre zur drastischen Verminderung der Zahl dieser Tierart (SUMIŃSKI, 1975a). Die Geschichte der Wölfe im Białowieza-Urwald ist ein ausgezeichnetes Beispiel zeitweiliger Ausrottung und Wiederbelebung einer lokalen Population (MIŁKOWSKI, 1976). Der Wolf gehörte dort immer hin. Aber als Schädling behandelt, wurde er vernichtet. Nur in der Zeit zwischen den Weltkriegen hat man ihm mehr Aufmerksamkeit gewidmet. Man betrachtete ihn als attraktive Jagdbeute, die der Jagd repräsentativen Glanz verleiht. Die Wolfsvernichtungsaktion im polnischen und russischen Teil dieses Waldkomplexes führte dazu, daß die Wölfe von 1960 an im polnischen Teil des Białowieza-Urwaldes praktisch ausgerottet waren. In den späteren Jahren wurden ausschließlich zahlenmäßig schwache Rudel oder vereinzelte Individuen beobachtet, die sich jedoch nicht auf längere Zeit angesiedelt haben. Erst seit 1980 begann die Zahl der Wölfe erneut anzuwachsen (Abb. 4.21).

Biologie und Ökologie: Ökosystem

Kapitel 5

5.1 Rolle des Wolfes im Ökosystem

5.1.1 Der Einfluß der Wölfe auf die Gemeinschaft potentieller Beutetiere

Im natürlichen Ökosystem beeinflussen große Raubtiere neben Nahrungs-, Klima- und Krankheitsfaktoren die Mortalität der Huftiere wesentlich. So bildet auch der Wolf ein wichtiges Element bei der Kontrolle des Huftierbestandes, insbesondere der Gestaltung der Gruppenstuktur der Huftiere, jedoch unterschiedlich je Huftierart.

Obwohl der Wolf ein typisch opportunistischer Beutejäger ist (d. h., er frißt alles, was leicht erreichbar ist), sind jedoch Huftiere seine Grundnahrung. Hinsichtlich der Bedingungen in Polen sind das: Elch, Rothirsch, Reh und Wildschwein, aber auch der Wisent. Die Einflußnahme der Wölfe auf jede dieser Gattungen unterscheidet sich wesentlich. Infolge ihrer zu mächtigen Körpermasse hat man Wisente und Elche seltener unter den Beutetieren der Wölfe gefunden. Wisente sind am seltensten Opfer von Wölfen. Im 19. Jahrhundert wurden nur wenige Fälle dokumentiert (HEDEMANN, 1935). Elche werden nur sporadisch getötet, in der Regel sind es Kälber (L MIŁKOWSKI, unveröffentlichte Daten aus dem Białowieza-Urwald). Die Grundnahrung der Wölfe in Polen sind Hirsche, Rehe und Wildschweine.

Im Białowieza-Nationalpark bilden Wildschweine und Hirsche die Mehrheit der Gruppe der Huftiere, und ihr zahlenmäßiger Anteil ist annähernd gleich: Wildschweine: 42 % und Hirsche: 55 %.

Zeitweilig hat man in der Nahrung der Wölfe eine Dominanz von Hirschen und Rehen festgestellt. Dabei war die Unterscheidung beider Arten in den Exkrementen schlecht möglich. Aber wenn diese Unterscheidung gelang, war der Anteil der Rehe nicht groß. Hirsche und Rehe bildeten mindestens 75 % und im Zuge starker Winter sogar bis 95 % der durch Wölfe gefressenen Biomasse. Das zeigt ein deutlich kleineres Interesse der Wölfe an Wildschweinen und die Bevorzugung der Hirschartigen (JĘDRZEJEWSKI u. a., 1992).

Ebenso hoch war in den Beskiden der Anteil von Rothirschen und Rehen in der Winternahrung der Wölfe (55,4 %). Leider war es dort nicht möglich festzustellen, ob die Wölfe einzelne Gattungen bevorzugen. Denn die Zusammensetzung der gesamten Huftierfauna war nicht bekannt (LEŚNIEWICZ u. PERZANOWSKI, 1989).

Tab. 5.1 Wolf-Beute-Verhältnis im Białowieza-Nationalpark (JĘDRZEJEWSKI u. a., 1992) und in sechs Nationalparks im europäischen Teil der ehemaligen UdSSR (FILINOW, 1989).
L– Anteil jeder Gattung in der gesamten Huftierfauna in %
Z– Anteil jeder Gattung in der Beute der Wölfe in %
N– Anteil der durch die Wölfe getöteten Individuen

Reservat		Elch	Rothirsch	Reh	Sikahirsch	Wildschwein
Białowieski						
Nationalpark	L	1	55	1	–	42
(N=91)	Z	–	70	3,5	–	26,5
Darwiński						
Nationalpark	L	75	–	+	–	2,5
(N=393)	Z	99	–	0,1	–	0,9
Baszkirski						
Nationalpark	L	53	41	5	–	1
(N=202)	Z	11	71	18	–	–
Pripiatski						
Nationalpark	L	31	–	12	–	57
(N=47)	Z	11	–	55	–	34
Bereziński						
Nationalpark	L	54	4	1	–	41
(N=252)	Z	65	11	1	–	23
Okski						
Nationalpark	L	73	–	–	12	15
(N=259)	Z	71	–	–	29	–
Mordowski						
Nationalpark	L	45	13	–	34	8
(N=174)	Z	15	3	–	82	–

Die Jagd v. a. auf Rothirsche und die Vermeidung von Wildschweinen scheint in ausgedehnten Niederungsgebieten Eurasiens typisch für den Wolf zu sein. FILONOV (1989) untersuchte die Nahrungsauswahl von großen Raubtieren in russischen Nationalparks. Sechs Nationalparks waren durch dieselben Gattungen von Huftieren wie der Białowieza-Urwald bewohnt, nur ohne Wisent, aber statt dessen mit wieder eingeführten Sikahirschen, *Cervus nippon* (Tab. 5.1). Die Ergebnisse zeigen, daß überall dort, wo der Rothirsch auftritt, dieser unter allen anderen Huftieren von den Wölfen bevorzugt wird. Dort, wo es wenige Rothirsche gab, ernährten sie sich von Elchen, Rehen oder Sikahirschen, kaum von Wildschweinen. Die Wildschweine bildeten dagegen einen hohen Anteil in der Wolfsnahrung (66,7 %) im Reservat Kyzyl-Agach (Region Kaspisches Meer), wo sie die einzigen Vertreter der Huftiere waren (LITVINOV, 1981). Darüber hinaus stellte KUDATKIN (1986) fest, daß wenige Prozente (2 %) der gesammelten Wolfsexkremente im kaukasischen Reservat Überreste von Wisent-Bison-Mischlingen enthielten.

Untersuchungen im Białowieza-Urwald haben bestätigt, daß dann, wenn in einem gegebenen Gebiet einige Gattungen großer Huftiere auftreten, sich die Wölfe auf die am leichtesten zu erjagenden (Hirsch, Reh) konzentrieren.

Berichtet wurde dies schon früher aus Nordamerika, aus Gebieten, in denen Hirsch und Elch gemeinsam auftreten: hauptsächlich fallen Hirsche den Wölfen zum Opfer (PETERSON, 1955, STENLUND, 1955, PIMLOTT u. a., 1969, FRITTS u. MECH, 1981, MESSIER u. CRÉTE, 1985, POTTVIN u. a., 1988).
Geht die Anzahl der bevorzugten Beutetiere zurück, wechseln die Wölfe zu anderen Beutetierarten über. Im Białowieza-Nationalpark überwiegen Hirsche in der Nahrung der Wölfe. Jedoch im Zeitraum Mai bis September, wenn es sehr leicht ist, Frischlinge zu erbeuten, wächst der Anteil der Wildschweine fast auf das Dreifache: von 8 % auf 21 % der Gesamtnahrung (JĘDRDZEJEWSKI u. a., 1992). In einigen Regionen Kanadas (Ontario, Quebec) sind im Winter die Virginiahirsche die hauptsächlichsten Opfer der Wölfe. Im Sommer, wenn die Jagd auf sie entschieden schwieriger wird, konzentrieren sich die Wölfe auf andere Gattungen. Zum Beispiel bildeten die Biber dann 30 % bis 44 % (POTVIN u. a., 1988) oder sogar 55 % bis 75 % (VOIGT u. a., 1976) der Nahrung.

5.1.2 Der Einfluß der Wölfe auf die wichtigsten Beutetiere (Elch, Hirsch, Reh, Wildschwein)

In ungestörten natürlichen Systemen funktionieren Mechanismen, die das Gleichgewicht zwischen Beutegreifern und Beutetieren aufrechterhalten. Das Beutegreifer-Beute-System befindet sich im dynamischen Gleichgewicht: Die Beutegreifer beschränken die Anzahl der Beutetiere und die Beutetiere regulieren durch ihre Anzahl oder Erreichbarkeit die Anzahl der Beutegreifer. Niemals kommt es zur vollständigen Ausrottung der Beutetiere durch die Beutegreifer, weil der Mechanismus, der ihre Anzahl begrenzt, früher wirkt. Für die Wölfe spielen die Wechselwirkungen zwischen den Nahrungs- und Sozialfaktoren diese Rolle.
Die Mehrzahl der Populationen der großen Huftiere zeigt manchmal sehr große Schwankungen der Individuenzahlen, deren Ursachen nicht völlig bekannt sind. PEEK and EASTMAN (1983) nehmen an, daß die zahlenmäßigen Schwankungen der Elche in Nordamerika mit den Änderungen der Nahrungsgrundlage zusammenhängen. PETERSON u. a. (1984a) führten dagegen in Anlehnung an Daten von der Isle Royal, USA, an, daß die Populationen der Elche und Wölfe ungefähr 38 Jahre lang natürliche Rhythmen der Veränderung der Individuumzahlen zeigen (Populationszyklen). Im Laufe dieser Zeit kehrte die Individuenzahl beider Populationen nach Perioden des Wachstums und Abfallens zum vorherigen Niveau zurück (Abb. 5.1). Ohne Rücksicht darauf, welches die Ursachen der Bestandsschwankungen der Huftiere sind, reagieren die Wolfspopulationen auf diese Schwankungen mit gewisser Verspätung: ihre Anzahl fällt und wächst ebenfalls (KEITH, 1983).
Unter ursprünglichen natürlichen Bedingungen war die Beutejagd der Wölfe wahrscheinlich der wichtigste Regulationsfaktor für die Populationsstärke der großen Huftiere des gemeinsamen Verbreitungsgebietes. Allgemeine Untersuchungen zeigen jedoch, daß Wölfe nicht die Anzahl der pflanzenfressenden Huftierarten regeln. Dagegen reguliert die Futter-

Abb. 5.1
Die Schwankungen der Anzahl der Wölfe (O) und Elche (●) auf Isle Royal, USA, in den Jahren 1959–1983 (nach PETERSON u. a., 1984).

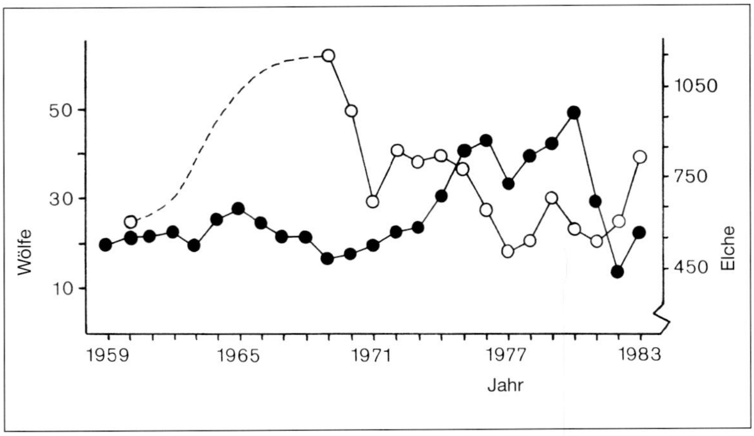

masse, was wiederum v. a. auf eine Störung des Ökosystems durch den Menschen zurückzuführen ist. Deshalb ist es gegenwärtig auch schwer, irgendwelche Verallgemeinerungen bezüglich der wirklichen Rolle des Wolfes bei der Regulation der Populationen seiner Beute zu machen. Wir besitzen zu wenig Daten zu dieser Thematik. Es ist jedoch so wichtig, daß wir den Versuch einer Stellungnahme dazu wagen müssen, sogar auf der Grundlage unvollständiger Informationen.

Im Białowieza-Urwald führt der Forstdienst seit einer Reihe von Jahren im Winter die Erfassung der aufgefundenen toten Huftiere durch. Das erlaubt in Bezug auf die Bestände, die mit der Methode der Verfolgung im Schnee, mit dem Probetreiben und im Vergleich der Abschußzahlen, interessante Schlußfolgerungen.

Aus den in Tabelle 5.2 enthaltenen Daten kann man ersehen, daß die Wölfe in der Wintersaison 1 % bis 5 % der Hirschpopulation, 0,5 % bis 3 % der Rehe und bis zu 0,5 % der Wildschweine töten. Das entspricht kaum den

Tab. 5.2 Der inventarisierte Bestand an Huftieren (S), die Anzahl der Abschüsse durch Jäger (P) und die Zahl der aufgefundenen Individuen der betreffenden Gattung, die durch Wölfe getötet wurden (W) auf dem Gebiet des Białowieza-Urwaldes (*) in den Jagdsaisons 1985/86 bis 1991/92 (L. MIŁKOWSKI, Daten unveröffentlicht).

Jagdsaison	Elch			Hirsch			Reh			Wildschwein		
	S	P	W	S	P	W	S	P	W	S	P	W
1985/86	38	15	–	765	401	37	615	151	4	670	451	4
1986/87	29	6	–	1041	442	43	698	299	18	739	350	–
1987/88	35	7	1	1030	368	36	855	268	13	845	583	4
1988/89	39	5	–	875	237	17	740	220	5	790	283	–
1989/90	66	12	–	892	231	19	845	205	3	935	150	1
1990/91	80	19	1	1800	472	26	2500	299	7	1300	1103	–
1991/92	54	36	1	1575	705	49	2495	458	13	1040	751	18

* betrifft nur den bewirtschafteten Teil des Urwalds. Hinzu kommt die geschätzte Zahl der Huftierarten im Białowieza-Nationalpark. Sie beträgt 500 Hirsche, 800 Wildschweine und 100 Rehe (H. OKARMA u. W. JĘDRZEJEWSKI, Daten unveröffentlicht).

Abschüssen dieser Gattungen durch den Menschen. In Wirklichkeit ist die Zahl der Beutetiere der Wölfe größer, denn nicht alle werden aufgefunden. Andererseits ist die Zahl der Huftierarten auch bedeutend größer als aufgezeigt. PUCEK u. a. (1975) haben nachgewiesen, daß die Methode der Verfolgung im Schnee die Anzahl der Hirsche, Rehe und Wildschweine nicht voll erfaßt. In Wirklichkeit können bis dreimal mehr vorhanden sein.

Man kann auf sicherer Grundlage Schätzungen durchführen, die den Einfluß der Wölfe auf die Zahl der Hirsche im Białowieza-Urwald betreffen. Nimmt man an, daß der Nahrungsbedarf eines Wolfes 4 kg Fleisch pro Tag, der Anteil der Hirsche an der Nahrung der Wölfe 75 % (JĘDRZEJEWSKI, 1992) und die mittlere Körpermasse einer Hirschkuh 85 kg beträgt (L. MIŁKOWSKI, mündliche Information), davon 70 % Muskelgewebe (BOBEK u. a., 1984), dann müßte ein Wolf im Laufe eines Jahres 18 Hirschkühe fressen. Danach würde die gesamte Urwaldpopulation der Wölfe (18 Individuen nach den Inventardaten) jährlich etwa 324 Hirschkühe fressen. Wenn wir das mit dem geschätzten Hirschbestand vergleichen (den Białowieza-Nationalpark eingeschlossen), d. h. ungefähr 2300 Stück, und geben den natürlichen Zuwachs (25 %) dazu, so führt das zu dem Schluß, daß die Wölfe etwa 11 % der Hirschpopulation verbrauchen müßten.

Zusammenfassend kann man nicht feststellen, daß im Białowieza-Urwald die Wölfe die Anzahl der Hirsche regulieren oder, weitergefaßt, die Anzahl der Huftiere. Daraus ergibt sich v. a. die Tatsache, daß die Populationsgröße der Huftiere sehr hoch ist, dagegen die der Wölfe niedrig.

BREZEZIŃSKI, 1991, analysierte Daten des Ministeriums für Umweltschutz über die natürlichen Bestände und Daten des Jagdwesens bezüglich der nachgewiesenen Anzahl und des Abschusses von Hirschen sowie der Anzahl der Wölfe im westlichen Polen. Die durch ihn geschätzte Zahl der Hirsche, die theoretisch in den Wojewodschaften Gorzów, Piła und Poznań den Wölfen zum Opfer fallen müßten, reicht nicht einmal an die Zahl der Hirsche heran, die die Jäger laut Abschußplan hätten abschießen können. Man kann also auch dort aus denselben Gründen wie im Białowieza-Urwald nicht davon sprechen, daß die Wölfe den Bestand der Hirsche regulieren.

Untersuchungen in Nordamerika haben gezeigt, daß die Beutejagd der Wölfe der Hauptbegrenzungsfaktor für die Populationsstärke vieler Huftiergattungen ist. MURIE (1944) nimmt an, daß die Wölfe die Populationsgröße der Dallschafe (*Ovis dalli*) im Mount McKinley National Park (Alaska) regulieren. MECH, 1966, hat nachgewiesen, daß sie die Anzahl der Elche auf Isle Royal, USA, regulieren. Man schätzt den jährlichen Nachwuchs an jungen Elchen auf dieser Insel auf 225 Stück, davon überleben nur 85 das erste Lebensjahr. Die Wölfe (ungefähr 23) töteten ungefähr 140 Kälber und 83 erwachsene Elche im Laufe eines Jahres. Der Vergleich dieser Zahlen zeigt deutlich, daß die Wölfe genug Elche töteten und so den Anstieg ihrer Anzahl kontrollierten. BERGERUD, 1988, hat dasselbe für die Mehrzahl der wandernden Karibu-und Rentierherden in der Holarktis nachgewiesen. Der begrenzende Einfluß der Wölfe auf die Zahl der Opfer hat gewissermaßen experimentell die Ausrottung oder dramatische Verminderung der

Zahl der Wölfe in vielen Gebieten gezeigt. Es erfolgte dann ein bedeutendes Ansteigen der Anzahl der da auftretenden Huftiere. Ein gutes Beispiel dafür ist die Population des Maultierhirsches (*Odocoileus hemionus*) auf der kanadischen Insel Vancouver (JANZ, 1989). In einem der Gebiete, wo die Wölfe intensiv mit Fangeisen gefangen wurden, ist der Index der Anzahl der Hirsche (Anzahl der beobachteten Hirsche auf einem Abschnitt (Transsektion) von 1 km Länge) von 3,5 Individuen auf 1 km im Jahre 1982 bis fast 20 Individuen auf 1 km im Jahre 1988 angewachsen.

Auf der Grundlage dieser und anderer Untersuchungen ergibt sich also, daß die Beutejagd der Wölfe einen wichtigen Begrenzungsfaktor für die Populationsstärke jener Huftiere bildet, die die grundlegende Beute der Wölfe im Laufe des ganzen Jahres sind. Abhängig ist das jedoch grundsätzlich von der Anzahl der Huftiere, und zwar:

1) Wenn die Anzahl der Beutetiere sehr klein ist, spielt die Beutejagd der Wölfe keine größere Rolle. Denn im Ergebnis des Nahrungsmangels gibt es wenig Wölfe, und darüber hinaus sind sie auf Ersatznahrung angewiesen (VOIGT u. a., 1976, SHELTON u. PETERSON, 1983).

2) Bei höheren (aber nicht fortdauernd allzu hohen) Bestandsdichten der Opfer ist der Einfluß der Wölfe sehr wesentlich und kann zu einem Regulations- und Stabilisierungsfaktor der Populationsstärke der Beutetiere werden (MESSIER u. CRÉTE, 1985).

3) Wenn die Anzahl der Opfer hoch ist, verliert die Beutejagd der Wölfe ihre Bedeutung als regulierender Faktor aus zwei Gründen:

a) durch soziale Faktoren (Territorialität, begrenzte Vermehrung), die das Anwachsen der Wolfspopulation hemmen (PACKARD u. a., 1983) und

b) durch die leichtere Erreichbarkeit von weniger wertvollen Individuen aus der Population der Beutetiere (junger oder geschwächter Opfer), die nicht den reproduzierenden Kern der Population bilden (PETERSON u. a., 1984 b, OKARMA, 1991).

Die Beutejagd der Wölfe hält so nicht Schritt mit dem natürlichen Zuwachs der Opfer und wird dann nur zu einem der Sterblichkeitsfaktoren der Beutetiere. Das wichtigste Element für die Begrenzung des Wachstums der Populationen der Beutetiere wird dann der Nahrungsmangel. Diese Abhängigkeit stellt schematisch Abbildung 5.2 dar.

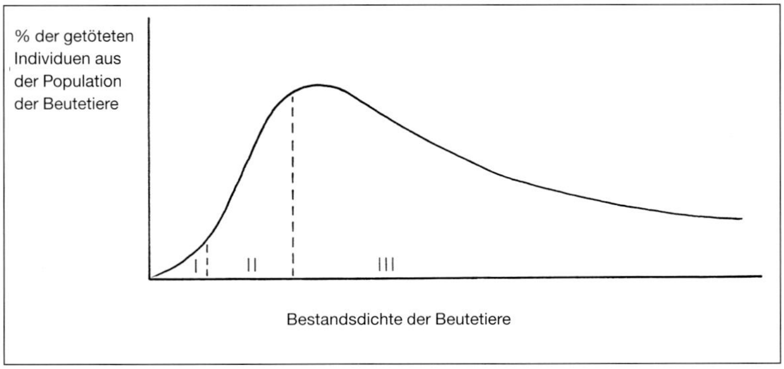

Abb. 5.2
Die Abhängigkeit zwischen der Bestandsdichte der Opfer und den Prozenten der Individuen, die durch die Wölfe aus der Population der Beutetiere entfernt wurden.

5.1.3 Die Selektion der Beutetiere durch die Wölfe

Die Beutejagd der Wölfe ist selektiv. Ihnen fallen bestimmte Kategorien der Beutetiere zu. Der Prozeß der Selektion der Individuen aus der Population der Opfer ist so kompliziert, daß wir sogar bei unmittelbarer Beobachtung des Tötungsaktes nicht imstande sind, die Mehrzahl der Umwelt-, physiologischen und Verhaltensfaktoren zu bestimmen, die dazu geführt haben, daß gerade jenes und nicht ein anderes Tier getötet wurde. Man kann nur an offenbar durch Wölfe zurückgelassenen Überresten einige physische Eigenschaften der Opfer untersuchen. Auf der Grundlage dieser Daten kann man über die Selektion der Beutetiere hinsichtlich von Geschlecht, Alter und der physischen Kondition Aussagen machen:

Selektion hinsichtlich des Geschlechts Die Verschiedenartigkeit der Gattungen der Huftiere, von denen sich Wölfe ernähren, bedingt, daß es unermeßlich schwierig ist, allgemein die Einwirkung der Wölfe auf beide Geschlechter zu charakterisieren. Das Verhältnis der getöteten Männchen und Weibchen unterscheidet sich bei den einzelnen Gattungen, und darüber hinaus treten große Unterschiede zwischen den verschiedenen Populationen der Tiere ein und derselben Gattung auf. Es kann aber auch die durch Wölfe verursachte Sterblichkeit bei beiden Geschlechtern über das ganze Jahr gesehen gleich sein und sich nur in einzelnen Zeitabschnitten deutlich unterscheiden. Wir beschränken uns deshalb nur auf einige Beispiele.
Untersuchungen an durch Wölfe getöteten Hirschen in den Ost-Beskiden im Winterzeitraum (OKARMA, 1991) zeigten, daß unter den erwachsenen Opfern der Wölfe Hirschkühe dominierten (66 % im Zeitraum Dezember/Januar und 79 % in Februar/März). Das Verhältnis der Hirschkühe zu den Hirschen betrug in der ganzen Population, geschätzt auf der Grundlage ganzjähriger Beobachtungen über viele Jahre, mehr als 2:1 (BOBEK, unveröffentlichte Daten). Die Tatsache, daß Hirsche etwas seltener als Beute den Wölfen zum Opfer fallen, als nach ihrem Anteil in der Population zu erwarten wäre, deutet darauf hin, daß Hirschkühe als Wolfsbeute sehr anfällig sind, insbesondere gegen Ende des Winters. Der Mechanismus dieser Erscheinung ist jedoch nicht aufgeklärt. Es ist aber nicht ausgeschlossen, daß Wölfe ihre Aktivität v. a. auf weibliche Gruppen konzentrieren, auf Hirschkühe mit Kälbern und jungen Männchen. Bei Hirschen tritt nämlich eine Gruppenbildung nach Geschlecht und Alter auf. Hirsche sind auf einem gegebenen Gebiet nicht zufällig verteilt.
Die Daten von aufgefundenen Opfern im Białowieza-Urwald in den Winter-Abschnitten 1984/85 bis 1990/91 bestätigen das Töten durch Wölfe v. a. von Weibchen der Hirsche und Rehe. Hirschkühe machten 48 % von 259 getöteten Hirschen aus, und von 57 getöteten Rehen waren 72 % weiblich. Der Anteil der männlichen Hirsche unter den aufgefundenen Opfern betrug nur 12 % und der Rehböcke nicht ganz 2 % (MIŁKOWSKI, unveröffentlichte Daten). Im östlichen Teil des Białowieza-Urwalds machten die Männchen unter den erwachsenen Hirschen, die durch Wölfe getötet wurden, nur 14 % der Opfer aus, und die Mehrzahl von ihnen fiel als Beute

dieser Raubtiere in Oktober und November, d. h. unmittelbar nach der Brunst, also wenn sie am schwächsten waren (BUNEVIČ, 1988).

Selektion nach dem Alter Die Beseitigung von schwachen, kranken, jungen und alten Individuen aus der Population bezeichnet man als „Sanitäreffekt der Beutejagd". Zahlreiche Untersuchungen zeigen, daß Wölfe v. a. junge Tiere (unter einem Jahr alt) oder die Individuen mittleren Alters töten.

In einer Probe von 90 durch Wölfe getöteten Hirschen in den Ost-Beskiden machten Kälber 32 % im frühen Winter (Dezember/Januar) und 51 % im späten Winter (Februar/März) aus (OKARMA, 1991) (Abb. 5.3). Zum Vergleich bildeten Kälber 14 % der gesamten Population (BOBEK, unveröffentlichte Daten). Unter den Opfern der Wölfe hat man verhältnismäßig wenig alte Hirsche festgestellt (über 10 Jahre alte), nur 13 % bzw. 7 % in den beiden Abschnitten der Wintersaison. Leider war es nicht möglich, den Selektionsdruck der Wölfe auf einzelne Altersgruppen zu bestimmen, denn die Altersstruktur der ganzen Population war nicht bekannt. Es ist auch nicht

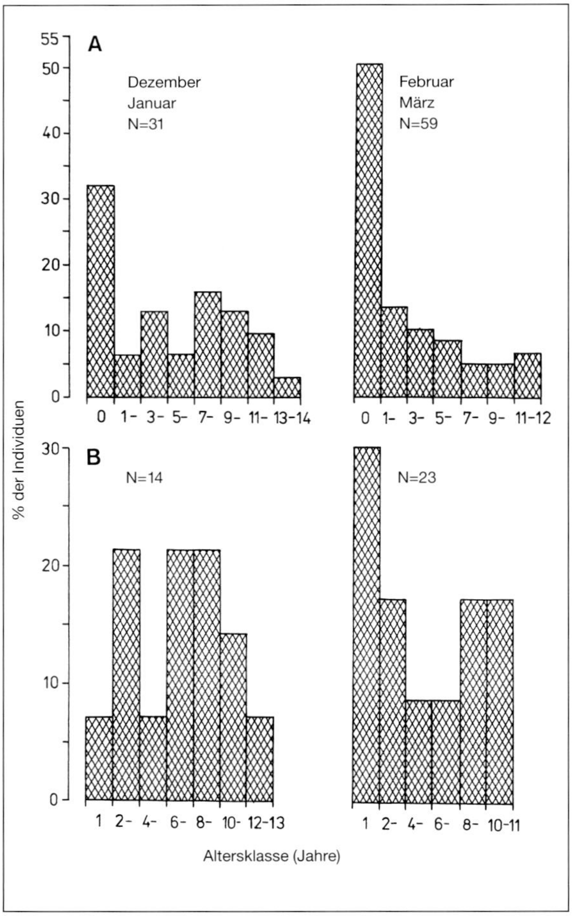

Abb. 5.3
Altersstruktur aller untersuchten männlichen und weiblichen Hirsche (A) und nur der Hirschkühe (B), die durch Wölfe in den Ost-Beskiden während der Winter 1984–88 getötet wurden (nach OKARMA, 1991).

ausgeschlossen, daß aufgrund intensiver Bejagung dieser Population die Gruppe der ältesten Hirsche besonders klein war. Das durchschnittliche Alter der erwachsenen Hirschkühe, die durch Wölfe in den Ost-Beskiden getötet wurden, betrug in der frühen 8,0 und in der späten Winterperiode 6,3 Jahre, dagegen waren die männlichen Hirsche bedeutend jünger (entsprechend 6,4 und 4,2 Jahre) (OKARMA, 1991). Darüber hinaus wurde festgestellt, daß in der späten Winterperiode mehr Hirschkühe aus der jüngsten Altersklasse unter 4 Lebensjahren den Wölfen zum Opfer fielen (48 % der Hirschkühe) als im frühen Winterabschnitt (29 %). Die gesammelten Daten, obwohl offensichtlich unvollständig, zeigen deutlich, daß Wölfe in den Ost-Beskiden stärksten Einfluß auf die jüngste Altersklasse der Hirsche haben.

Die Altersstruktur der Opfer der Wölfe im Białowieza-Urwald bestätigt auch, daß die Wölfe die jüngsten Tiere töten. Unter den aufgefundenen von Wölfen gerissenen Hirschen waren in den Winterzeiten 1984/85 bis 1990/91 39 % Kälber (MIŁKOWSKI, unveröffentlichte Daten). und in der Nahrung der Wölfe, erfaßt durch die Analyse der Exkremente, bildeten die Kälber 60 % (JĘDRZEJEWSKI u. a., 1992). Meldungen aus dem östlichen Teil des Urwaldes bestätigen, daß da auch der Anteil der Kälber unter den durch Wölfe getöteten Hirschen 55 % betrug (BUNEVIČ, 1988). FILONOW, 1989, gibt in einer Arbeit über die Beutejagd der Wölfe im russischen Teil des Nationalparks an, daß im Reservat Baschkirien die Kälber 23 % der Population bildeten und unter den durch Wölfe getöteten Hirschen einen Anteil von 49 % hatten. Im Reservat Altai ergaben sich entsprechend 8 % und 15 %.

Die Wölfe selektieren auch die jüngsten Individuen unter den Wildschweinen. Im Białowieza-Urwald waren 16 von 17 gefressenen Wildschweinen Frischlinge (JĘDRZEJEWSKI u. a., 1992). In den slowakischen Karpaten bildeten die Frischlinge 80 % der durch Wölfe getöteten Wildschweine (BRTEK u. VOSKÁR, 1987). LITWINOW, 1981, gibt an, daß 50 % der Wildschweine, die Opfer von Wölfen wurden, Frischlinge sind, aber sie bildeten nur 32 % des Populationsbestandes im Winter. Der Selektionsdruck der Wölfe auf die Frischlinge (und auch Hirschkälber) ist mit Sicherheit noch höher, denn sie werden oft vollständig gefressen, so daß keine Reste zurückbleiben (LITWINOW, 1981, OKARMA, unveröffentlicht). Untersuchungen in Nordamerika liefer-ten die schon klassischen Daten zur Selektion der Beutetiere durch Wölfe. Im Nationalpark Mount McKinley hat man über eine Reihe von Jahren Schädel von Dallschafen gesammelt, die aus den verschiedenen Gründen umgekommen sind. Die Mehrzahl von ihnen wurde durch Wölfe getötet. Unter 221 Schädeln stammten bis zu 86 % von Tieren im Alter unter 2 Jahren oder über 8 Jahre (MURIE, 1944). Langjährige Arbeiten auf Isle Royal zeigten, daß im Winter 94 % der durch Wölfe getöteten Elche Kälber oder mindestens 8jährige Individuen waren (MECH, 1970).

PIMLOTT u. a. (1969) haben die Altersstruktur von 331 durch Wölfe getöteten Virginia-Hirsche mit 275 Individuen, die in demselben Gebiet durch Fahrzeuge oder Jäger getötet wurden, verglichen. Die Altersklasse von 4 bis 8 Jahren war unter den Wolfsopfern mit 68 % vertreten, dagegen bei der anderen Gruppe nur mit 21 % (jeweils bezogen auf die Altersstruktur der gesamten Population). Junge Tiere (bis 3 Jahre) machten nur 15 % der Opfer aus, aber bis zu 59 % der gesamten Population. So wirkten die Wölfe dort selektiv auf die alten Altersklassen. Andere Untersuchungen, die ähnliche Resultate brachten, bezogen sich auf die Beutejagd der Wölfe auf Moschusochsen, Bisons und Dickhornschafe (*Ovis canadensis*).

Selektion hinsichtlich der physischen Kondition Wenn man sich bemüht, auf die Frage zu antworten, ob die Wölfe aus der Population der Beutetiere die schwachen und kranken Individuen entfernen, stößt man auf große Schwierigkeiten. Informationen über die physische Kondition liefern uns in der Regel die Reste der Opfer, die die Wölfe zurücklassen, d. h. Knochen, Hautfragmente und Haare. Einstweilen hinterläßt die Mehrheit der Krankheiten, Parasiten oder Anomalien in der Funktion des Organismus auf den Resten keine Spuren. Zum zweiten kann man nicht wissen, wie oft Krankheiten in der Population der Beutetiere auftreten. Wir sind nicht imstande zu bestimmten, ob Wölfe wirklich Individuen selektieren, die mit „Unpäßlichkeiten“ belastet sind oder ob ihre Anwesenheit in der Diät der Wölfe zufällig ist.

Während der Vegetationsperiode häufen die Huftiere Energiereserven in Form von Fett an: unter der Haut, in Körperhöhlen, um die inneren Organe und im Knochenmark der Extremitäten (ANDERSEN u. a., 1972). Dieses Fett wird im Winter verbraucht, wenn ein Mangel an ausreichender Nahrungsmenge besteht. Die Reihenfolge des Verbrauchs der Fettreserve ist nicht endgültig aufgeklärt. Der Fettgehalt im Mark der Extremitätenknochen ist einer der allgemein angewandten Indikatoren der physischen Kondition von Huftieren.

Weil in den Untersuchungen über große Raubtiere die Knochen ihrer Opfer am besten der Analyse zugänglich sind, ist die Bewertung des Fettgehaltes im Knochenmark der Extremitäten die populärste Untersuchungsmethode (RATCLIFFE, 1980; FONG, 1981; OKARMA, 1984 u. 1989 b).

Diese Methode wurde auch in den Untersuchungen über die durch Wölfe getöteten Hirsche in den Ost-Beskiden genutzt (OKARMA, 1991). Generell war sowohl bei den erwachsenen Opfern als auch bei den Kälbern die Fettmenge im 2. Teil der Wintersaison niedriger. Sie spiegelt den allgemeinen Abfall der physischen Kondition der Individuen in der ganzen Population wider.

Die Veränderlichkeit des Fettgehaltes im Knochenmark in der Winterperiode war grundsätzlich bei Kälbern und erwachsenen Individuen unterschiedlich (Abb. 5.4). In der frühen Winterperiode war bei der Mehrzahl der Kälber und auch der erwachsenen Opfer das Fettniveau im Knochenmark der Oberschenkel (reagiert am empfindlichsten auf Veränderungen) sehr hoch (80 bis 100 %). Im 2. Teil des Winters war bei den erwachsenen Opfern die Situation fast die gleiche, dagegen hatten über 40 % der Kälber einen sehr niedrigen Fettgehalt (unter 20 %).

Man muß unterstreichen, daß die Methode der Bewertung der physischen Kondition der Beutetiere auf der Grundlage des Fettgehalts im Knochen-

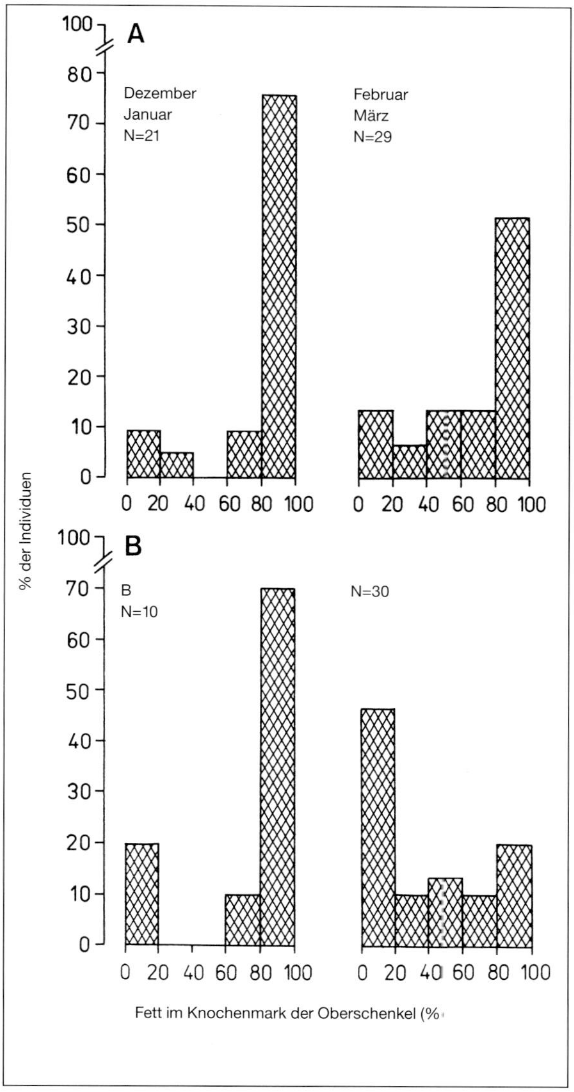

Abb. 5.4 Der prozentuale Fettgehalt im Mark der Oberschenkelknochen von erwachsenen Hirschen (A) und Kälbern (B), die durch Wölfe in den Ost-Beskiden in den Wintern 1984–1988 getötet wurden (nach OKARMA, 1991).

mark der Extremitäten einseitig ist. Sie erlaubt kaum im Falle der Feststellung einer geringen Fettmenge den unstrittigen Rückschluß, daß das Opfer in einer schlechten Kondition, abgemagert, war. Eine größere Fettmenge im Mark erlaubt uns andererseits auch nicht, zu behaupten, daß das Opfer in einer ausgezeichneten Kondition war. Denn bis heute ist nicht klar, in welcher Reihenfolge einzelne Fettreserven verbraucht werden (MECH u. DEL-GIUDICE, 1985).

Den oben erwähnten Vorbehalt berücksichtigend, haben die Untersuchungen unbestritten gezeigt, daß zum Ende der Wintersaison zum großen Teil die Hirsche, die sich in einer schwachen physischen Kondition befinden, als Opfer der Wölfe in Frage kommen. Hingegen der

Rückschluß, daß Wölfe auch Individuen von kräftiger Kondition töten, ist unbegründet.
Zum Schluß kann man sich etwa auf zwei Untersuchungsprojekte in Nordamerika berufen. MURIE (1944) stellte fest, als er Überreste von Dallschafen, die durch Wölfe getötet worden waren, untersuchte, daß 26 % von ihnen Pilzinfektionen des Unterkiefers aufwiesen. Deren Ergebnis ist eine Beeinträchtigung der Nahrungsaufnahme sowie der Dauer und Intensität des Wiederkauvorganges. Neugierig macht, daß 68 % der Opfer im Alter von 2 bis 8 Jahren diese Erkrankung hatte. Das zeigt deutlich, daß in dieser Altersgruppe Infektionen des Unterkiefers ein wichtiger Faktor sind, der die Anfälligkeit der Schafe für die Beutejagd der Wölfe bedingt. Die Infektionen führen zur Schwächung der Dallschafe.
Elche, die den Wölfen auf Isle Royal zum Opfer gefallen sind, zeigten drei Arten von „Gebrechlichkeiten": Erkrankungen der Knochen, Infektionen mit Bandwurmzysten und Erschöpfung der Energiereserven. Man stellte fest, daß sich 21 % der Opfer durch Infektionen des Unterkiefers auszeichneten, mit einem ähnlichen Typ wie bei den Dallschafen. Vier Elche, die so weit in einem kompletten Zustand gefunden wurden, daß Untersuchungen auf die Anwesenheit von Bandwürmern durchgeführt werden konnten, hatten in den Lungen Dutzende von Zysten der Blasenwürmer (Finnen des Rinderbandwurms), deren Durchmesser nicht selten 2,5 cm überschritt. Schließlich hatten 15 % der Opfer fast vollständig das Fett im Knochenmark der Extremitäten aufgebraucht (MECH, 1970).

5.1.4 Die Bereitstellung von Nahrung für Aasfresser

Viele Arten fleischfressender Tiere sind in hohem Maße, zumindest in bestimmten Jahreszeiten, auf die Beutejagd der Wölfe angewiesen. Wenn die Wölfe Beutereste zurücklassen, machen sich andere Säugetiere oder auch Vögel diesen Nahrungsüberschuß zunutze. Typische Aasfresser sind Kolkraben, die in einigen Regionen den Winter ausschließlich dank der Reste von Wolfsrissen überleben. Oft geschieht es, daß die Raben hinter dem Rudel der Wölfe herfliegen und warten, bis die Wölfe irgendein Tier erlegen, um sich nach ihrem Weggang sofort an das Fressen zu machen (MECH, 1979). Für andere Tiere bilden die Rückstände der Opfer der Wölfe eine wertvolle Nahrungsergänzung. Man hat z. B. Haare von Cerviden und Wildschweinen in annähernd 50 % der Exkremente von Marderhunden und Füchsen im Białowieza-Urwald in der Winterperiode und auch in beträchtlicher Zahl in den Exkrementen von Mardern und Iltissen festgestellt (JĘDRZEJEWSKI u. a., 1989). Bei den zurückgelassenen Resten beobachtet man auch Wildschweine, Hermeline, Mäusebussarde, Eichelhäher und Meisen. Im Białowieza-Nationalpark sind Füchse nicht selten der frischen Spur von Wölfen auf der Suche nach Beuteresten gefolgt (JĘDRZEJEWSKI u. JĘDRZEJEWSKA, 1991). Indem die Beutejagd der Wölfe im Laufe eines Jahres eine verhältnismäßig stabile Nahrungsmenge liefert, ermöglicht sie also die Existenz einer großen Anzahl anderer fleisch- und allesfressenden Tiere.

5.2 Die Jagdarten und der Jagderfolg der Wölfe

Für die Lokalisierung der Beutetiere spielt bei den Wölfen der Geruchssinn die wichtigste Rolle. MECH (1970) gibt an, daß von 51 durch ihn beobachtete Jagden der Wölfe auf Elche in 42 der Fälle (82 %) die Opfer mit Hilfe des Geruchssinns aufgespürt wurden. Bekommt das Wolfsrudel Wind von einem Beutetier, hält der die Gruppe führende Wolf plötzlich an und alle Mitglieder des Rudels stehen wachsam, die Köpfe in die Richtung gewendet, aus der der Geruch kommt. Bei nicht mehr allzu tiefem Schnee wird oft eine Gruppenzeremonie abgehalten: Die Wölfe nähern sich einander, wobei sie sich fast mit den Nasen berühren und wedeln dabei einige Sekunden mit den Schwänzen. Danach bewegen sie sich direkt in Richtung der Beutetiere.
Auch durch zufälliges Antreffen oder über das Verfolgen frischer Spuren, besonders bei ungünstigem Wind, können die Beutetiere aufgespürt werden (MECH, 1970).
Nach der Lokalisation eines Beutetieres durch den Geruchssinn oder das Auffinden einer frischen Spur schleichen sich die Wölfe möglichst dicht an. In dem Maße, wie sich die Entfernung zum Opfer verringert, vergrößert sich die Erregung der Wölfe. Ihre Bewegungen werden schneller und sie wedeln mit den Schwänzen. Endlich bemerken sich Opfer und Raubtier gegenseitig. Die Wölfe stehen dann gewöhnlich still und starren das Opfer an. Die Wölfe greifen nicht sofort an, sondern sie benötigen einen Auslösereiz in Form eines entfliehenden Tieres. Nicht immer geraten die Beutetiere in panische Flucht. Viele Tiere solcher Gattungen wie Elch, Bison, Wisent, Moschusochse sowie große Wildschweine fliehen nicht, sondern bleiben unbeweglich auf der Stelle stehen. Sie zeigen die Bereitschaft zur Verteidigung. Sehr häufig nehmen die Wölfe nach kurzer Beunruhigung dieser Individuen Abstand vom Angriff und begeben sich auf die Suche nach anderer Beute. Dagegen ruft die Flucht eines Tieres fast immer die sofortige Verfolgung durch die Wölfe hervor. Das ist ein kritischer Moment der Jagd. Wenn die Wölfe in dieser Etappe nicht imstande sind, sich dem Opfer, das so schnell wie möglich flieht, zu nähern, resignieren sie schnell.
Sie sind nicht mehr fähig, das Beutetier zu erreichen. In der Mehrzahl der Fälle, die unmittelbar beobachtet wurden, verfolgten die Wölfe das fliehende Tier nur einige Dutzend Meter (MECH, 1966). Die lange Verfolgung

Abb. 5.5
Ein Wolf attackiert eine Saiga-Antilope (nach BIBIKOV, 1985)

Abb. 5.6
Wölfe attackieren einen Elch (nach einer Fotografie, die auf Isle Royal gemacht wurde, nach MECH, 1966)

eines Tieres (auf einer Entfernung von einigen Kilometern) hat man nur sporadisch festgestellt. Falsch ist folglich die Meinung, daß Wölfe ihre Opfer bis zu deren vollständigen Erschöpfung verfolgen. In Wirklichkeit besteht die Jagdtechnik der Wölfe im Anschleichen an die Beute und im Angriff mit maximaler Geschwindigkeit und kurzer Verfolgung.
Verbreitet ist die Ansicht, daß über ein großes Huftier herfallende Wölfe diesem die Achillessehne der Hinterbeine durchbeißen. Dies wurde jedoch durch keine Untersuchung bestätigt. Das Durchbeißen der Achillessehne wäre eine sehr gefährliche Art, fliehende Tiere zu stoppen. Ihre Hufe sind stark, fest und scharf. Mit ihnen versetzte Huftritte können sehr gefährlich sein. Die Attacken der Wölfe konzentrieren sich auf solche Körperteile der Opfer wie Hinterteil, Flanken, Rücken und Nase (Abb. 5.5). In Nordamerika, in einem Gebiet, in dem Elche die Hauptnahrung der Wölfe sind, jagen die Wölfe in Gruppen (Abb. 5.6), indem sie v. a. an Hinterteil, Flanken und Nase des Opfers angreifen (MECH, 1970).
Wölfe jagen meist gruppenweise, aber auch einzeln, besonders im Sommer. Die Jagdtechnik unterscheidet sich je nach Gattung der Opfer, den territorialen und atmosphärischen Bedingungen sowie der Umgebung. Wenn sie gruppenweise jagen, können sie organisiert handeln, gewissermaßen mit „verteilten Rollen“: Einige Wölfe lauern im Hinterhalt, andere treiben das

Abb. 5.7
Das Treiben eines Beutetieres in Richtung eines Hinterhalts (nach BIBIKOV, 1985)

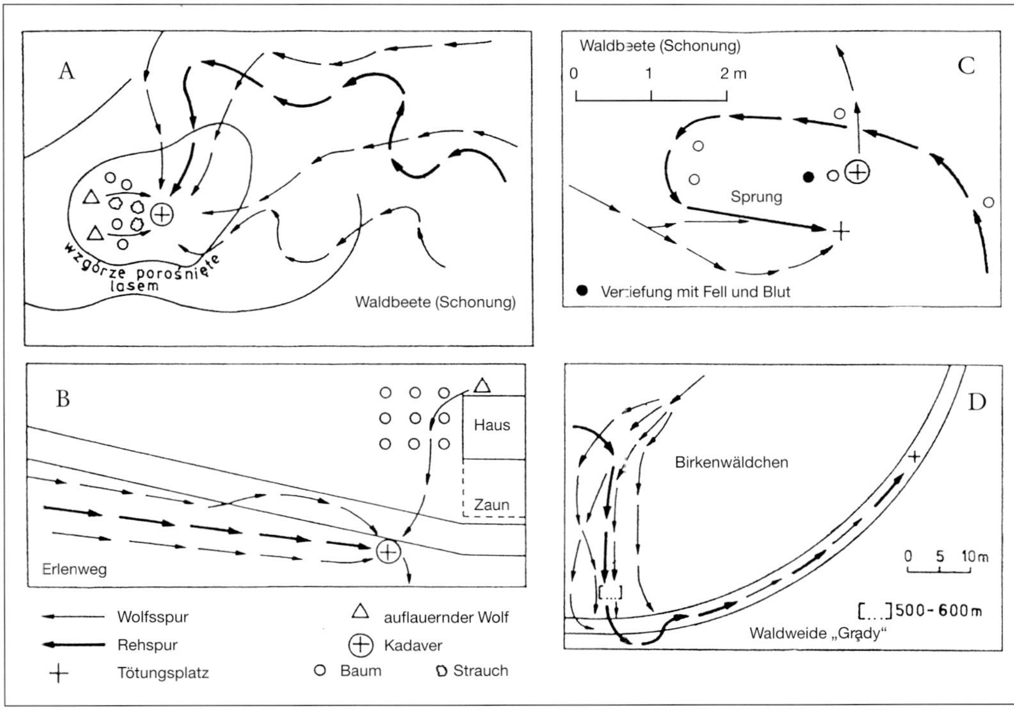

Abb. 5.8
Von Wölfen angewendete Jagdarten auf Rehe im Bobr-Tal (nach TROKOWICZA, 1980).

Opfer darauf zu (BIBIKOV, 1985) (Abb. 5.7). Interessante Beispiele dieser Art der Wolfs-Treibjagden auf Rehe brachten u. a. die Winterverfolgungen im Tal des Bobr (TROKOWICZ, 1980). Es konnte beobachtet werden, wie vier Wölfe, auseinandergerückt wie in Schützenlinie, ein Reh auf zwei andere Wölfe, die im nahen Gebüsch lauerten, zutrieben (Abb. 5.8 A). Ein anderes Mal jagten zwei Wölfe ein Reh in Richtung auf einen dritten, der hinter einer Ecke eines einsamen, unbewohnten Hauses lauerte (Abb. 5.8 B). In einem dritten Fall ging ein Rehbock gerade auf zwei Wölfe zu und wurde auf der Stelle getötet (Abb. 5.8 C). Erfolgreich war auch die Verfolgung eines Rehes, das auf einem festgestampften Pfad ausglitt und stürzte (Abb. 5.8 D). Wölfe können auch günstige Territorial- und Wetterbedingungen ausnutzen. Es geschieht z. B., daß sie Hirsche und Rehe auf zugefrorene, überschwemmte Flächen oder Flüsse und Bäche treiben. Die Hufe der Beutetiere gleiten auf solchen Flächen aus und oft fallen sie dann den Wölfen zum Opfer (OKARMA, Daten unveröffentlicht). Im Białowieza-Nationalpark hat man z. B. das Treiben einer Hirschkuh in einen Fluß und anschließendes Töten im Wasser festgestellt (JĘDRZEJEWSKA u. a., 1991). Im Kaukasus wenden Wölfe die Methode des Treibens von Hirschen in Richtung auf einen Abgrund an, von dem die Opfer in die Tiefe stürzen, sich verletzen oder dort getötet werden (Abb. 5.9).

Abb. 5.9
Das Treiben eines Beutetieres in Richtung eines Abgrundes (nach BIBIKOV, 1985)

Die Treibjagd auf Wildschweine beginnt ab dem unmittelbaren Zusammentreffen mit dem Rudel der Wölfe. Die Wölfe „testen" die Rotte, und wenn sich in der Rotte ein schwacher Frischling befindet, versuchen sie, ihn von der Rotte abzutrennen, um sich nicht einer gefährlichen Attacke seitens der erwachsenen Wildschweine auszusetzen (JĘDRZEJEWSKA u. a., 1991).
Zahlreiche Untersuchungen zeigen, daß die herrschenden atmosphärischen Bedingungen wesentlichen Einfluß auf den Jagderfolg der Wölfe nehmen. MECH, 1970, gibt an, daß eine Schneedecke über 40 cm die Chance der Flucht für Hirsche vergrößert. Ein in den Schnee gefallener Hirsch springt in einem verhältnismäßig großen Winkel heraus. Dagegen springt ein Wolf, der entschieden kürzere Beine hat, unter sehr kleinem Winkel und trifft auf einen viel größeren Schneewiderstand.
Ähnliches stellte NASIMOVIČ, 1955, fest. In Eurasien haben die Wölfe große Schwierigkeiten bei der Jagd auf Hirsche bei größerer Tiefe der Schneedecke. Dagegen treten um so mehr Faktoren auf, die die Hirsche nicht begünstigen. Das kann Tauwetter und darauffolgender Temperaturabfall sein, wonach sich eine Eisschicht bildet. Diese kann stark genug sein, einen Wolf zu tragen, aber unter dem schweren Gewicht eines Hirsches einbrechen. Diese tief eingesunkenen Tiere sind eine leichte Beute für die Wölfe.
Allgemein ist man aufgrund der oft gefundenen Reste der Wölfe der Meinung, daß diese ihre Opfer sehr leicht töten und ihnen kaum ein Tier entfliehen kann. In Wirklichkeit ist es jedoch völlig anders. Unter

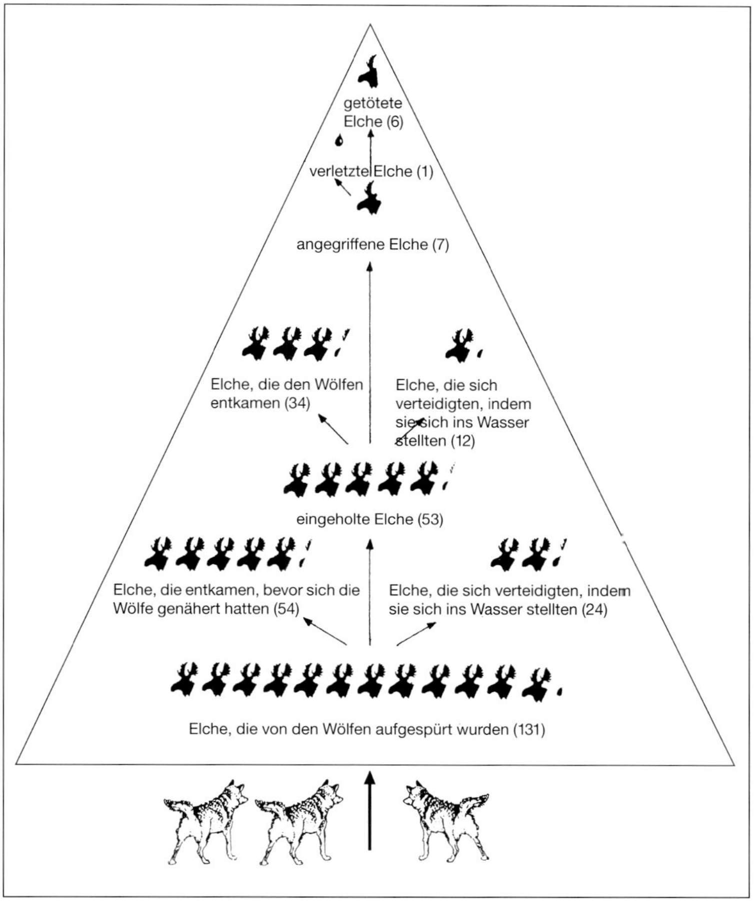

Abb. 5.10
Der Jagderfolg der Wölfe am Beispiel der Einwirkung einer ganzen Gruppe von Wölfen (15 bis 16 Individuen) oder eines Teiles von ihnen auf 131 Elche im Nationalpark Isle Royal (USA) (nach MECH, 1970)

normalen territorial-atmosphärischen Bedingungen ist der Jagderfolg der Wölfe (ähnlich wie bei anderen Beutegreifern) gering. Ein klassisches Beispiel dafür sind die Ergebnisse der Untersuchungen auf Isle Royal, USA (MECH, 1966). In ihrem Verlauf wurden viele Fälle von Jagden auf Elche durch Wölfe unmittelbar beobachtet. Unter 131 Elchen, die durch Wölfe aufgespürt wurden, wurden nur 6 getötet. Dagegen waren die übrigen imstande, auf verschiedene Art zu entkommen (Abb. 5.10).

Wölfe töten meist, um Nahrung zu erwerben. Gleich nach dem Töten erfolgt die Konsumption der Beute. Diese wird oft nur teilweise gefressen, wenn die Wölfe ihre Opfer leicht töten konnten. Diese Erscheinung kann man in der Weise verstehen, daß unter den Bedingungen des Nahrungsüberflusses der Wolf ein Maximum an Energie je Zeiteinheit erlangt, indem er nur die nahrhaftesten Teile der Beute aufnimmt. Bei kämpferischen Auseinandersetzungen kann es vorkommen, daß andere Wölfe oder Hunde getötet werden, aber das Opfer nicht gefressen wird (CARBYN, 1983).

Es geschieht auch, hauptsächlich im Winter, daß mehr Opfer getötet als gefressen werden (sog. überschüssiges Töten – „surplus killing"). Ziemlich oft wird dieser Ausdruck falsch angewendet. Denn schon die teilweise Konsumption des Opfers schließt seine Verwendung ein (KRUUK, 1972). Das überschüssige Töten im engeren Sinne erfolgt nur dann, wenn das Töten der Opfer mehrfach, eins nach dem anderen, erfolgt und die Opfer nicht gefressen werden. MECH u. a., 1971, stellten ein überschüssiges Töten von Virginia-Hirschen fest. MILLER u. a., 1985, fanden auf einem Gebiet von etwa 3 Quadratkilometern bis 34 frisch geborene Karibu-Kälber, die durch Wölfe getötet worden waren, und EIDE u. BALLARD, 1982, fanden 7 erwachsene Karibus in einem Umkreis von einem Kilometer, die durch ein Rudel von 2 bis 4 Wölfen getötet worden waren. BJÄRVALL u. NILSSON, 1976, berichten über das Töten von 8 domestizierten Rentieren. Es zeigt sich, daß das überschüssige Töten eine Kombination von verschiedenen angeborenen Verhaltensweisen ist, für das man bisher keine ausreichende biologische Begründung gefunden hat. JĘDRZEJEWSKA u. JĘDRZEJEWSKI, 1989, stellten an Wieseln fest, daß das übermäßige Töten von Nagetieren eine ständige Winterstrategie dieser Tiere ist. Sie sichert ihnen einen stetigen Nahrungsvorrat unter rauhen klimatischen Bedingungen. KOSSAK, 1989, untersuchte mehrfach die Jagd eines Luchses (das Töten von 3 Rehen in einem Waldgebiet in einer Nacht) und kam zu dem Schluß, daß solche Jagden mit dem Terminus „Überschußtöten" bezeichnet werden können. Die Autorin argumentiert, daß derartige Jagden nur Varianten des Jagdverhaltens von Säugetieren sind.

5.3 Verteidigungsstrategie der Beutetiere

Der Jagderfolg der Wölfe auf der einen Seite und die Tatsache, daß ihm in der Regel nur eine bestimmte Kategorie als Beute zum Opfer fällt, zeigen einen Widerspruch auf. Wölfe sind ausgezeichnet an Jagen und Töten von großen Huftieren angepaßt. Aber diese wiederum sind ihrerseits auch gut an das Ausweichen vor Wölfen angepaßt. Verschiedene Tierarten, die Wölfen ausgesetzt sind, zeichnen sich durch unterschiedliche Formen ihrer Sicherung aus. Ihre Verteidigungsstrategie stützt sich auf Reaktionsschnelligkeit und Flucht sowie auf ihre große Körpermasse und Kraft. Man kann zwei große Gruppen von Verteidigungsarten gegenüber den Wölfen unterscheiden: die Verteidigung, die dem Angriff zuvorkommt, und die Verteidigung im Moment der unmittelbaren Gefahr durch die Wölfe.
Die der Attacke vorausgehende Verteidigung oder sogar das Zusammentreffen mit den Wölfen umfaßt mindestens vier Formen:

Die angeborene Fähigkeit des Erkennens des Geruchs der Raubtiere
Die meisten Huftiere können den Geruch von sie bedrohenden Raubtieren wahrnehmen und daraufhin den Begegnungen mit ihnen ausweichen. Zwar hat man nicht unmittelbar festgestellt, daß auch Wolfsgeruch erkannt wird,

aber von vielen verwandten Raubtierarten aus der Familie der Hundeartigen und auch Katzenartigen ist es erwiesen (MÜLLER-SCHWARZE, 1972).

Bildung von Gruppierungen Bei vielen Säugetieren und Vögeln wurde festgestellt, daß sie sich als Schutz gegen Raubtiere in größeren Gruppen konzentrieren (ELGAR, 1989). Das betrifft auch Beutetiere des Wolfes.
Die europäischen Hirsche leben in Frühling und Sommer in kleinen Gruppen. Aber im Winter bilden sie bedeutend größere Herden, und nur wenige männliche Tiere bleiben Einzelgänger. Das geschieht auch ohne Rücksicht darauf, ob sie durch Wölfe bedroht werden oder nicht. JĘDRZEJEWSKI u. a., 1992) haben jedoch auf der Grundlage von Daten aus verschiedenen Wäldern in Polen gezeigt, daß in Gebieten, wo Wölfe sind, die winterlichen Gruppierungen der Hirsche größer sind als dort, wo keine Wölfe leben (Tab. 5.3). Im Białowieza-Nationalpark betrug die durchschnittliche Größe der beobachteten Hirschgruppen 2,7 im Zeitraum Frühling–Sommer und wuchs bis 6,9 im Herbst-Winter-Zeitraum an (Abb. 5.11). Es wurde auch ein Anwachsen der zahlenmäßigen Stärke der Hirschrudel in Zusammenhang mit dem Anwachsen der Tiefe der Schneedecke festgestellt (JĘDRZEJEWSKI u. a., 1991).
Auch Wildschweine bilden in Gebieten, wo es viele Beutegreifer gibt, größere Rotten. Die Bildung der Gruppen erfolgt jedoch nach einem anderen Muster als bei den Hirschen. Die Größe der Rotten bilden zwischen Frühling und Winter wenig Unterschiede und beträgt im Białowieza-Nationalpark im Mittel 6 Individuen (JĘDRZEJEWSKI u. a., 1992). In Frühling und Sommer verbinden sich oft zwei bis drei Bachen und führen die Nachkommenschaft gemeinsam. Auf diese Weise können sie sich besser vor den Wölfen schützen (JĘDRZEJEWSKA u. a., 1992).
In Nordamerika bilden die Virginia-Hirsche im Winter Gruppen. Diese begrenzen ihre Beweglichkeit auf ein verhältnismäßig kleines Gebiet. Sie bilden im tiefen Schnee ein Wegenetzsystem. Es zeigt sich, daß die genaue

Tab. 5.3 Die Größe der beobachteten Hirschgruppen in verschiedenen polnischen Wäldern, in denen große Raubtiere auftreten oder auch nicht. Daten für die Wälder der Forstämter: Płaska, Józefów, Iława und Kobiór entnommen aus DZIĘCIOŁOWSKI (1979), für Borki nach DZIĘCIOŁOWSKI (1991).
Białowieza-Nationalpark (BPN) – durchschnittliche Daten von allen Jahren und Beobachtungszeiträumen 1985–1990 (nach JĘDRZEJEWSKI u. a., 1992).

Waldkomplexe	Anwesenheit der Raubtiere	Prozent der Hirschgruppen nach Größe		
		1 Individuum	2–7 Ind.	mehr als 7 Ind.
BPN	Wolf, Luchs	19	60	21
Borki	Wolf, Luchs	16	74	10
Płaska	Wolf, Luchs	28	59	13
Józefów	Wolf	26	67	7
Iława *	–	25	73	2
Kobiór **	–	49	49	2

* Wölfe und Luchse wurden nach dem 2. Weltkrieg ausgerottet
** Wölfe und Luchse wurden in der 1. Hälfte des 19. Jh. ausgerottet.

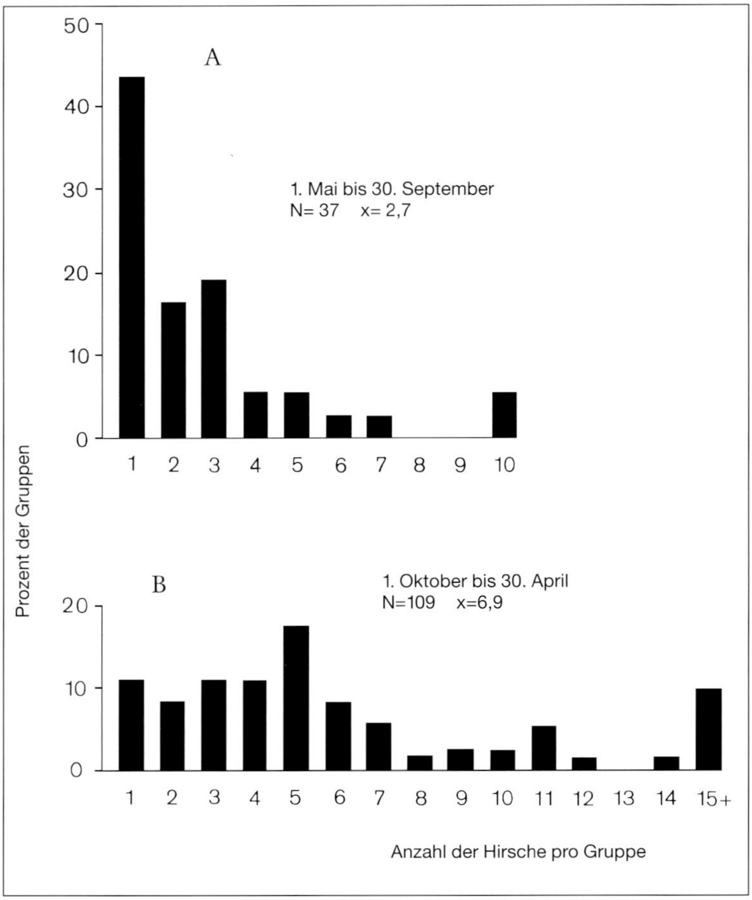

Abb. 5.11
Die Größe der beobachteten Hirschgruppen im Białowieza-Nationalpark in den Frühling-Sommer- und Herbst-Winter-Abschnitten in den Jahren 1985 bis 1990 (nach JĘDRZEJEWSKI u. a., 1992)

Kenntnis dieses Systems den Hirschen Vorteile bringt, wenn sie vor Wölfen fliehen (HOSKINSON u. MECH, 1976). In einigen Regionen Kanadas jagen die Wölfe auch die Kälber der Bisons. Diese halten sich dann nahe beieinander auf. Wenn die Herde der Bisons vor den Raubtieren flieht, befindet sich der „Kindergarten" in der Mitte der Herde, wo er am sichersten ist (CARBYN u. TROTTIER, 1987).

Lebensweise in Sicherheitsstreifen Äußerst interessante Informationen lieferten die Untersuchungen der Verteilung der Virginia-Hirsche im Verhältnis zu den Territorien der einzelnen Wolfsgruppen (HOSKINSON u. MECH, 1976, ROGERS, 1980). Es zeigte sich, daß sowohl die Bestandsdichte als auch das Überleben der Hirsche in Gebieten der gegenseitigen Überlappung der Territorien benachbarter Wolfsgruppen am größten sind („Pufferzonen"). Denn die Wölfe vermeiden, in diesem Streifen zu jagen, wenn sie eine ausreichende Nahrungsmenge im Zentrum ihrer Territorien zur Verfügung haben. Folglich sind also Hirsche, die sich längs der Grenzen der Wolfsterritorien aufhalten, verhältnismäßig sicher. HOSKINSON u. MECH, 1976,

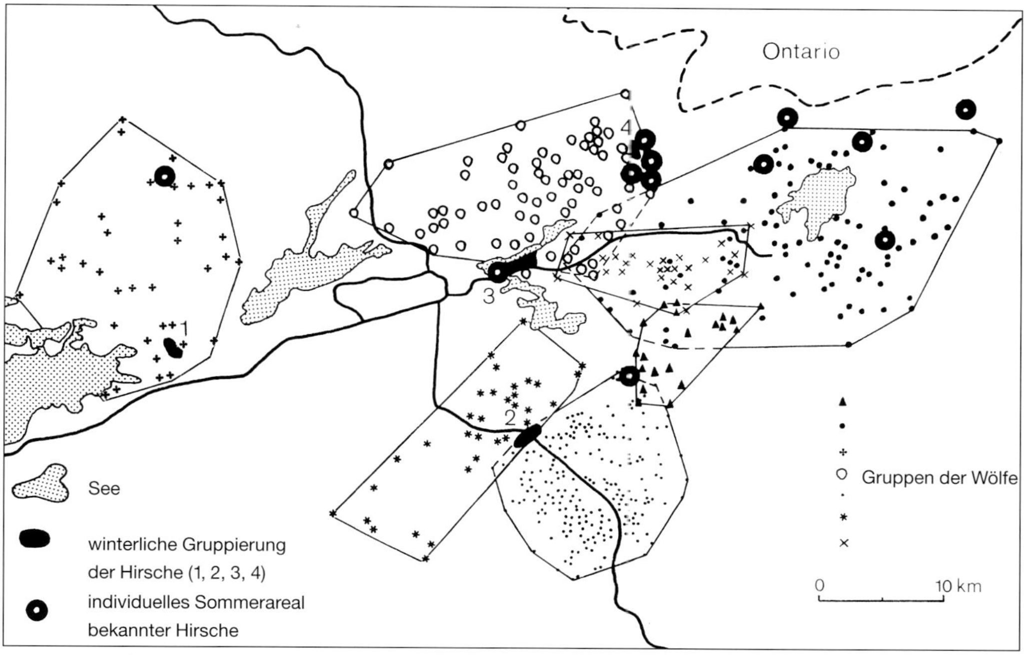

Abb. 5.12
Die Verteilung der winterlichen Gruppierungen und der individuellen Sommerareale der Virginia-Hirsche im Verhältnis zu den Territorien der Wolfsgruppen (Minnesota, USA) (nach HOSKINSON u. MECH, 1976)

stellten fest, daß 3 von 4 untersuchten Winterkonzentrationsgebieten in der Nähe von Wolfsterritoriumsgrenzen lagen (Abb. 5.12).

Das Abwandern an sichere Geburtsplätze Eine solche Verteidigungstaktik hat man beim Karibu in der kanadischen Provinz British Columbia festgestellt. Tragende Weibchen verlassen unmittelbar vor der Geburt der Jungen die Talsohlen, wo sehr oft Wölfe und Bären jagen, und übersiedeln in höhere, abseitige Bergregionen. Mehrere Weibchen verweilen dort weit verstreut, wodurch der Verlust der Kälber durch Wölfe und Bären minimiert wird (BERGERUD u. PAGE, 1987). Diese Erscheinung wird auch bei vielen anderen Huftieren, z. B. beim Wisent (sogar bei in Gehegen lebenden) festgestellt.
Die Verteidigung im Moment der unmittelbaren Bedrohung durch die Wölfe umfaßt zwei grundsätzliche Formen:

Flucht Allgemein verbreitet ist die Überzeugung, daß ein Opfer, um den Wölfen zu entfliehen, schnell davonlaufen und die verfolgenden Wölfe hinter sich lassen muß. Die Hauptverteidigung der kleineren Arten der Hirschartigen (Reh, Hirsch) sind aber die ständige Wachsamkeit, die Fähigkeit, die Wölfe aus größerer Entfernung wahrzunehmen und die Flucht, bevor die Wölfe angreifen.

Wenn dagegen Wölfe ein Opfer erreichen, hat es praktisch schon nicht mehr die Möglichkeit der Verteidigung (MECH, 1970). Ausnahmen bilden sehr kräftige Männchen der Wapiti-Hirsche oder auch unserer Rothirsche, die sich mit Erfolg vor Wölfen verteidigen können. Auch Wildschweine, die häufig Beutetiere der Wölfe in Eurasien sind, stützen ihre Sicherheit auf die Wachsamkeit und kommen so der Attacke der Wölfe durch Flucht zuvor. Sie bilden auch die oben beschriebenen Gruppierungen, in denen erwachsene Individuen die Jungen verteidigen können (JĘDRZEJEWSKI u. a., 1992).

Aktive Verteidigung Diese Art der Verteidigung vor den Wölfen wenden nur große und kräftige Tiere an. Erwachsene Wildschweine können sich erfolgreich verteidigen und sind so bedrohliche Gegner, daß Wölfe oft keinen Angriff wagen. Im Białowieza-Urwald hat man eine Gruppe von erwachsenen Wildschweinen beobachtet, die, durch Wölfe angegriffen, nicht flüchtete. Sie bildete aber einen nicht allzu engen Verteidigungskreis, mit den Köpfen nach außen (S. WĄSIK, mündliche Information). In einer Sammlung von Essays von J. J. KARPIŃSKI „W Prastarej Puszczy“ =Im uralten Urwald), 1953, befindet sich eine Beschreibung, wie ein kräftiger Keiler, umzingelt durch Wölfe, ihnen die Stirn bot. Die aktive Verteidigung von Frischlingen durch Bachen beschreibt KUDATKIN, 1982.

Elche sind so kräftige Tiere, daß sie mit Leichtigkeit einen Wolf mit einem Huftritt töten können. Dennoch versuchen sogar sie einer Begegnung mit Wölfen auszuweichen, wenn sie sich nähernde Wölfe verspüren. Wenn es schon zu einem Kontakt mit Wölfen gekommen ist, flieht ein großer Teil der Elche nicht, sondern verteidigt sich am selben Ort stehend. In dem vorher beschriebenen Beispiel vom Jagderfolg der Wölfe auf Isle Royal verteidigten sich 36 Elche dadurch, daß sie im Wasser standen. Die Wölfe haben nicht einmal versucht, einige von ihnen anzugreifen. Elchkühe kämpfen mit den Wölfen, um ihre Nachkommen zu verteidigen, obwohl ihnen das nicht immer gelingt (MECH, 1970).

Große Huftiere wie Moschusochsen (bis 400 kg Körpermasse), die im nördlichen Kanada und in Grönland leben, wenden eine sehr effektive Verteidigungsstrategie an. Sie leben in Gruppen. Und im Falle einer Bedrohung bilden sie eine Verteidigungsformation in Kreisgestalt, in deren Mitte sich die Kälber befinden. Die Erwachsenen stellen sich um sie herum, mit der Front nach außen. Scharf endende Hörner und mächtige Hufe bilden ausgezeichnete Verteidigungswerkzeuge (TENER, 1954).

Die Wetter- und Geländebedingungen beeinflussen beträchtlich die Fluchtchancen der Opfer. In Nordamerika, in einem Gebiet mit vielen Seen und Flüssen, suchen viele Tierarten vor den Wölfen Schutz im Wasser: Elch, Karibu, Hirsche (Wapiti, Maultier- und Virginia-Hirsch). Es hat sich jedoch ereignet, daß Wölfe einem Hirsch nachschwimmen und ihn im Wasser töten (NELSON u. MECH, 1984).

Im Winter dagegen begünstigen die Wasserflächen, wenn sie zugefroren sind, die Wölfe. Die Schneedecke ist hier in der Regel dünner als im Wald. Dadurch ist die Chance eines Erfolgs für die Wölfe vergrößert. Manchmal ist das Eis nicht mit Schnee bedeckt, und die Hufe der verfolgten Tiere rutschen. Ähnlich ist es in den Ost-Beskiden und den Niederen Beskiden (Beobachtungen des Autors), wo sehr schwierige Bedingungen für die Hirsche bei Fehlen oder minimaler Tiefe der Schneedecke und gleichzeitig anhaltend niederen Temperaturen entstehen.

5.4 Die Beziehungen der Wölfe zu anderen Raubtieren

Der Wolf steht in der Wildbahn an der Spitze der Nahrungspyramide, und eigentlich hat er keine natürlichen Feinde. In der Mehrzahl der Territorien, die durch Wölfe bewohnt werden, leben jedoch auch andere Raubtiere, die eine ähnliche Rolle wie er spielen und teilweise dieselben Beutetiere jagen. Wissenschaftliche Daten zur Problematik der gegenseitigen Beziehungen zwischen diesen und den Wölfen sind leider sehr spärlich.
Die verschiedenen Arten der Bären kommen in der Regel nicht in einen unmittelbaren Konflikt mit den Wölfen. Denn die Wölfe können letztlich einem erwachsenen Bären nicht die Stirn bieten. Es gibt jedoch keinen Zweifel, daß Wölfe manchmal Bären töten. Aber das sind gewöhnlich junge, geschwächte oder während des winterlichen Schnees überraschte Individuen. In Nordamerika hat man Tötungsfälle von Baribalen (*Ursus americanus*), die durch Wölfe in den Winterhöhlen angegriffen wurden (ROGERD u. MECH, 1981; HOREJSI u. a., 1984, PAQUET u. CARBYN, 1986) festgestellt. BALLARD, 1982, hat die Tötung eines jungen Braunbären (*Ursus arctos*) durch Wölfe gemeldet. Umgekehrt wurden auch Beispiele für das Töten von Wölfen durch einen Braunbären (BALLARD, 1981) und durch einen Baribal (JOSLIN, 1966) bekannt. Zu Zusammenstößen kommt es am häufigsten in der Nähe von Wolfshöhlen oder auch an Beuteresten, die von fressenden Wölfen verteidigt werden (HAYES u. MOSSOP, 1987).
Wechselbeziehungen zwischen Wölfen und Luchsen sind völlig unbekannt. In der Literatur existieren populäre, farbige Beschreibungen von Kämpfen zwischen diesen Raubtieren. Es fehlen jedoch glaubwürdige wissenschaftliche Beobachtungen. Mehrjährige Verfolgungen im Schnee im zentralen Waldreservat (Rußland) deckten nur sporadisch Fälle des Attackierens von Luchsen durch Wölfe auf. Die Luchse suchten dann Schutz in den Bäumen. Doch in einem Fall wurde ein Luchsweibchen eingeholt und durch das Rudel der Wölfe getötet (ŽELTUCHIN, unveröffentlichte Daten). Das Verfolgen von Spuren im Białowieza-Urwald zeigt, daß Wölfe, nachdem sie zufällig auf die Spur eines Luchses getroffen sind, diesem manchmal nacheilen. Man weiß jedoch nicht, ob das ein Ergebnis eines Konkurrenz-Verhältnisses zu den Luchsen ist oder auch der Möglichkeit des Findens von Beute des Luchses dient (JĘDRZEJEWSKI, mündlich).
Beobachtungen, die das Verhältnis von Wölfen zu den Füchsen betreffen, sind widersprüchlich. Ein Teil von ihnen weist auf die Toleranz der Füchse durch die Wölfe hin, aber ein anderer Teil darauf, daß Füchse Wölfen zum Opfer fallen können. Allerdings werden sie meist nicht von den Wölfen ge-

fressen. Es scheint, daß sich das Wechselverhältnis dieser Tierarten in Abhängigkeit von der Umgebung ändert. Die größte Wahrscheinlichkeit für Angriffe tritt dann auf, wenn ein Fuchs durch Wölfe an der durch sie zurückgelassenen Beute überrascht wird (MECH, 1970).

Der Marderhund (*Nyctereutes procyonoides*), eine Art, die aus dem fernen Osten stammt, ist erst seit den 50er Jahren in unserer Fauna vorhanden. Beobachtungen im Białowieza-Urwald zeigen, daß unsere heimischen großen Raubtiere gelernt haben, Marderhunde zu jagen. Sowohl Wölfe als auch Luchse besuchen regelmäßig Orte, wo sich Baue des Marderhundes befinden. Sie wandern einfach von Loch zu Loch. Man hat im Winter auch Überreste von Marderhunden in den Exkrementen von Wölfen gefunden (JĘDRZEJEWSKI u. a., 1991).

Haushunde sollen nach alten Quellen eine Lieblingsnahrung der Wölfe sein (KRAWCZYNSKI, 1947). Jagdgeschichten überbieten sich in den Beschreibungen der einfallsreichen Kunstgriffe, denen sich die Wölfe mit dem Ziel, ihre domestizierten Verwandten aus der Hundehütte oder hinter Zäunen hervorzulocken, bedienen. Es unterliegt keinem Zweifel, daß Hunde manchmal von Wölfen getötet werden, obwohl sie sie danach nicht immer fressen. Es kann auch nicht ausgeschlossen werden, daß sich einige Wölfe auf die Erbeutung dieser Beute spezialisieren können, besonders in Gebieten, wo man viele streunende Hunde antrifft (FRITTS u. PAUL, 1989). Nach sicheren Informationen (KLEVEZAL, mündlich) haben Wölfe die Hunde, die sich fern von den Zentren der Vorstädte Moskaus herumtreiben, ausgerottet.

Eine separate Fragestellung ist die Möglichkeit der Verpaarung der Wölfe mit Haushunden. Die Mischlinge dieser Nachkommen sind sehr fruchtbar. Diese Tatsache wird für die „Blutauffrischung" einiger Hunderassen in Alaska ausgenutzt. Seltener trifft man freilebende Mischlinge, z. B. in den USA (MECH, 1970) und in Italien (BOITANI, 1982). Die Mehrzahl der Informationen zu diesem Thema stammt aus Rußland, wo man über viele solcher Beispiele berichtet, besonders aus dem europäischen Teil.

Die Verpaarung von Wölfen mit Hunden geschieht am häufigsten dann, wenn im Ergebnis der Verfolgung durch den Menschen die Struktur der Wolfspopulation einem Zusammenbruch unterliegt. Die Anzahl der Wölfe verringert sich drastisch und damit die Möglichkeit, einen Partner zu finden. Das verursacht, daß Wölfe, meist Weibchen, in der Zeit der Hitze, wenn sie sich mit Hunden treffen, z. B. auf Müllkippen, sich mit großen Hunden kreuzen können. Die im Ergebnis entstandenen Mischlinge („Wolfshunde") sind durch eine Mischung von Eigenschaften von Wolf und Hund charakterisiert, aber die Eigenschaften des Wolfs dominieren.

Die Mischlinge leben einzeln oder auch zusammen mit Wölfen, am seltensten mit streunenden Hundemeuten. Gegenüber dem Menschen sind sie entschieden dreister als Wölfe. Man trifft sie verhältnismäßig nahe von menschlichen Ansiedlungen am Tage. Sie überfallen Haustiere sogar in Anwesenheit von Menschen. Im Gegensatz zu Wölfen bilden sie in der Sommerzeit große Gruppen (bis 18 Individuen), und sie verfolgen Opfer über große Entfernungen (sogar bis 4 km). Jagend wenden sie oft Wolfstechniken an: sie treiben das Opfer in Richtung auf andere Gruppenmitglieder, die sich im Hinterhalt verbergen. In einer Gruppe von Mischlingen gestaltet sich mit der Zeit eine Sozialstruktur wie bei Wölfen (Bibikov, 1985). In Nordamerika hat man kürzlich festgestellt, daß wandernde Wolfsrüden, die keine Partnerinnen haben, sich mit Weibchen der Kojoten (*Canis latrans*), die dort sehr zahlreich auftraten, gepaart haben (Lehman u. a., 1991).

Das Management der Wolfspopulation

Kapitel 6

Viele natürliche Landschaftssysteme wurden vom Menschen vernichtet. Sie wurden entweder zerstört oder so umgestaltet, daß sie für den Menschen effektiver wurden – ein Maximum an ökonomischem Nutzen ergaben. Die Beutegreifer gehörten zu den ersten Opfern jener Umgestaltung. Immer behandelt als Konkurrenten an denselben Ressourcen, manchmal sogar bedrohlich für das Leben der Menschen, wurden sie mitleidlos ausgerottet. Diese Tatsache tritt v. a. auf Mittel- und Westeuropa zu, wo Bären, Wölfe und Luchse nur an wenigen Plätzen überlebt haben.

In Polen dagegen haben sich viele Beutegreifer erhalten. Hier liegt das Problem darin: wie mit ihnen regional gewirtschaftet werden kann und wie sie geschützt werden können.

An der Spitze steht der Wolf, der in Polen unter den großen Beutegreifern am zahlreichsten auftritt. Obwohl der Wolf schließlich in die Liste der jagdbaren Tiere aufgenommen wurde, wird er trotzdem weiterhin als Schädling behandelt. Das Hauptziel der jagdlichen Bewirtschaftung ist nämlich einmal die Erlangung großer Wildfleischmengen und zum anderen einer hohen Qualität der Trophäen. Da Huftiere die Nahrung von Wölfen bilden, richten sie in der Meinung vieler Menschen sogenannte „Wirschaftsschäden" an (Tab. 6.1). Daher stammt auch die Tendenz, wenn nicht zur Ausrottung, so doch zur maximalen Begrenzung der Anzahl der Wölfe. Der allgemeine Mangel an redlichem Wissen zu dieser Thematik begünstigt diese Tendenz. Publikationen, die für Jäger bestimmt sind, verbessern leider den Stand dieser Angelegenheit nicht. Hier gilt nämlich, was wir z. B. sogar noch in dem 1989 erschienenen Buch von GODLEWSKI „Vademecum des Jägers" (in Polnisch), auf S. 177 lesen: „Der Wolf ist blutgierig, er tötet ein Tier nicht nur um der benötigten Menge zur Beruhigung des Hungers, sondern auch für die räuberische Genugtuung, besonders, wenn es ihm gelingt, in Gebäude, z. B. Schafställe, einzudringen. Mit besonderem Fanatismus jagt er auf Rotwild, verursacht unter ihnen große Verluste."

Es wird für selbstverständlich gehalten, daß in Gebieten, in denen Jagdwirtschaft betrieben wird, der Wolf einbezogen werden muß. Die Anzahl der Huftiere ist in diesen Gebieten sehr häufig zu hoch. Also wäre theoretisch die Erhaltung einer starken Wolfspopulation möglich. In diesem Falle jedoch würden viele Huftiere getötet werden, was wiederum sofortige Konflikte mit den Jägern hervorruft. Immer noch kann ein großer Teil der Jäger Wölfe in ihrem Jagdgebiet nicht akzeptieren, obwohl in der Regel die Individuen den Wölfen zum Opfer fallen, die für Jäger als Abschuß am wenigsten interessant sind (Junge und Weibchen). Das sind auch die hinsichtlich der Trophäe am wenigsten wertvollen Tiere (OKARMA, 1984 u. 1991; MIŁKOWSKI, 1986).

Tab. 6.1 Die Anzahl der Huftiere, die durch Wölfe getötet wurden, nachgewiesen auf dem Gebiet des Bia owieza-Urwalds (L. MIE KOWSKI, Daten unveröffentlicht) u. RDLP Krosno (unveröffentlicht) in den Jagdsaisons 1985/86–1991/92.

Jagdsaison	Bia owieza-Urwald (etwa 623 km²)				RDLP Krosno (etwa 1100 km²)*		
	Elch	Hirsch	Reh	Wildschwein	Hirsch	Reh	Wildschwein
1985/86	–	37	4	4	310	69	68
1986/87	–	43	18	–	282	86	91
1987/88	1	36	13	4	232	93	41
1988/89	–	17	5	–	254	104	75
1989/90	–	19	3	1	283	128	83
1990/91	1	26	7	–	252	133	89
1991/92	1	49	13	18	Daten fehlen		

* Diese Zahlen umfassen die Tiere, die durch Wölfe, Luchs und Bären getötet wurden, wobei die Mehrzahl von ihnen Opfer der Wölfe waren.

Bei einem größeren Wolfsbestand können sich in landwirtschaftlichen Gegenden Attacken auf Haustiere ereignen. Das Schadensproblem existiert überall dort, wo Wölfe auf Haus- und Nutztiere treffen können. Die biologische Rolle des Wolfes in der Natur ist die Jagd auf große Huftiere. Wilde Tiere jedoch besitzen entsprechende Verteidigungsmechanismen. Deshalb fallen nur wenige von ihnen, die am wenigsten Angepaßten, den Wölfen zum Opfer. Dagegen können sich Haustiere wegen der Haltungsbedingungen oft nicht verteidigen und sind demzufolge äußerst anfällig gegenüber Angriffen von Beutegreifern. Wölfe, die auf eine Herde von Schafen oder Rindern treffen, folgen ganz einfach ihrem Jagdtrieb.

Das Management einer Wolfspopulation soll nicht im Abschuß hoher Zahlen bestehen, wie es gegenwärtig geschieht. Es sollten nur die Wölfe erlegt werden, die das Überleben einer Population in einem bestimmten Gebiet zulassen. Grundbedingung einer rationellen Bewirtschaftung jeder Population ist die korrekte Schätzung ihrer zahlenmäßigen Stärke. In Polen hat man das nach Empfehlungen offizieller Institutionen auf der Grundlage von Verfolgungen im Schnee und gegenwärtig von sogenannten „ganzjährigen Beobachtungen“ ausgeführt. Die gefundenen Ergebnisse, die mit diesen Methoden gewonnen wurden, sind jedoch sehr fehlerhaft und können nicht als korrekte Bestandsschätzung der Wolfspopulation behandelt werden (PUCEK u. a., 1975). Die offiziellen Schätzungen der zahlenmäßigen Stärken der Wolfspopulationen sind mit Sicherheit überhöht. Denn ein Rudel nimmt manchmal ein ausgedehntes Territorium ein und kann in einigen benachbarten Bereichen mitgezählt worden sein. Spurenverfolgungen von Wölfen im Bobr-Tal haben das bewiesen (TROKOWICZ, 1980).

Die genaue Schätzung der Größe einer Wolfspopulation ist sehr schwer. Es verlangt das Arrangement einer großen Anzahl von Leuten und teure Geräte. Deshalb ist das auch begrenzt auf wissenschaftliche Untersuchungen, die aber in verhältnismäßig kleinen Gebieten durchgeführt werden. Die auf solchen „Flächenproben“ gewonnenen Ergebnisse kann die Jagdwirtschaft in größerem Umfang nur auf ähnliche natürliche Bedingungen übertragen.

Eine Methode, die die Möglichkeit der Schätzung der Größe der Wolfspopulation ergibt, ist das Zählen der Höhlen. Es ist bekannt, daß das durch Wölfe besiedelte Gebiet in Territorien aufgeteilt ist, von denen jedes durch eine Familien-Gruppe verteidigt wird. In jeder Gruppe vermehrt sich meist nur ein Paar der Wölfe. So befindet sich innerhalb des Territoriums mindestens eine Höhle. Die Anzahl der Höhlen sagt aus, wieviel Gruppen sich in einem bestimmten Terrain befinden, was multiplizert mit der mittleren Größe einer Gruppe (die z. B. aus den winterlichen Spurenverfolgungen erhalten wird) die geschätzte Populationsgröße ergibt. Sie ist jedoch meistens zu niedrig. Denn einen beträchtlichen Teil der Höhlen gelingt es nicht zu lokalisieren.

Eine bedeutend einfachere Methode, die auch durch eine territorial-familiäre Organisation der Wolfspopulation genutzt wird, ist das sogenannte provokatorische Heulen. Es beruht auf der Antwort auf das Heulen von einzelnen Wolfsgruppen in der Nähe. Man kann das auch mit Hilfe eines erfahrenen Anlockers, eines Wolfsgeheul imitierenden Menschen, durchführen, oder man produziert das Heulen von einem Tonband. Die Reaktion auf solch ein Geheul unterscheidet sich je nach Tages- und Jahreszeit. Die besten Resultate erhält man in Sommer und Herbst und auch in der Paarungszeit und im Tagesablauf in der Abenddämmerung und in der Nacht. Um die Anzahl der Wölfe in einem gegebenen Gebiet abschätzen zu wollen, muß man parallele Sektorenlinien festlegen und nach dem Durchschreiten gleicher Abschnitte heulen. Die Abstände zwischen den Sektorenlinien hängen von den konkreten Umgebungsbedingungen ab – in Niederungen können es bis zu etwa 3 km sein, dagegen müssen die Abstände in den Bergen kleiner sein. Die Technik des provozierenden Heulens besitzt auch Grenzen, an die man sich bei der Interpretation der Ergebnisse halten muß. Die wichtigsten davon sind:

- einzelne Wolfsgruppen antworten mit sehr unterschiedlicher Häufigkeit,
- größere Gruppen reagieren meistens schnell auf das Heulen,
- Gruppen, die keine Jungen haben, sowie
- einsame Wölfe antworten sehr schwach,
- manchmal kann eine große Gruppe vorübergehend zwei Ruheplätze einnehmen, und man kann Antworten von beiden Teilen der Gruppe bekommen (HARRINGTON u. MECH, 1982).

Die genaueste Abschätzung der Größe einer Wolfspopulation erhält man mit Hilfe der Radiotelemetrie, die in Nordamerika allgemein angewendet wird. Man fängt Wölfe und legt ihnen Halsbänder mit Radiosendern um und entläßt sie dann in die Freiheit. Vom Sender gehen Signale aus, dank derer man die genaue Lokalisation des Tieres im Gelände feststellen kann. Diese Technik erlaubt es auch, Daten über die Größe des Territoriums der Gruppe, die Wanderungen und die Aktivität zu erhalten. Sie erlaubt auch die Bestimmung der Anzahl der Wölfe. Durch die Verfolgung eines Wolfes mit Hilfe des Senders kann vom Flugzeug aus oder sogar durch Spurenverfolgung im Schnee festgestellt werden, wie groß das Rudel ist, zu dem es gehört. Wenn Wölfe aus der Mehrzahl der Rudel in einem gegebenen Gebiet

mit einem Sender ausgerüstet werden, kann man verhältnismäßig präzise den Bestand der Population bestimmen (MECH, 1975a).
Zur Erarbeitung eines Management-Modells für eine Wolfspopulation ist die Verbindung wissenschaftlicher Untersuchungen mit der Jagdpraxis unerläßlich. Die gegenwärtig mit komplizierten Methoden durchgeführten Untersuchungen liefern Informationen über die Anzahl der Populationen, der Sterblichkeit der Wölfe sowie ihres Einflusses auf die Population der Beutetiere. Erst auf der Grundlage dieser Daten kann man konkrete Entscheidungen treffen, die einen eventuellen Abbau oder den Schutz der Population dieser Tierart betreffen.

Wolfsjagd

Kapitel 7

7.1 Ausrüstung des Jägers

In Deutschland ist die Jagd auf Wölfe verboten. Trotzdem soll hier etwas zur Ausübung der Jagd auf Wölfe gesagt werden, da sie aus der Geschichte nicht wegzudenken ist. Sie erfolgte mit glattem als auch mit gezogenem Lauf. Eine kombinierte Waffe schließt die Vorzüge beider Waffentypen in sich ein. Eine Kugelwaffe ist der Flinte überlegen. Sie erlaubt die Abgabe eines präzisen Schusses aus größerer Entfernung. Ein gut sitzender Schuß auf den Stich kann einen Wolf auf der Stelle niederstrecken. Mit Schrot sollte aus Tierschutz-Gründen nicht geschossen werden, denn ein derartiger Schuß wirkt so gut wie nie sofort tödlich.

Der Einsatz eines Zielfernrohrs erhöht die Treffsicherheit der Kugelwaffe, auch weil es die Sicht bei geringem Licht verbessert. Das ist bei der Ansitzjagd, die sehr oft bei sehr schwachen Lichtverhältnissen (Dämmerung, Nacht) ausgeübt wird, wesentlich. Am besten geeignet sind dann Ferngläser mit großer Lichtstärke. Ihr Mangel ist jedoch das sehr kleine Gesichtsfeld. Daher sind sie beim Schießen auf Tiere in Bewegung nicht geeignet.

Die Kleidung eines Jägers soll einige grundlegende Anforderungen erfüllen. Sie muß warm sein, da sich der Jäger beim Ansitz einige Stunden oder eine ganze Nacht kaum bewegen darf. Sie muß andererseits relativ leicht sein, denn manchmal muß bis zum Anstand eine große Entfernung, watend durch den Schnee, zurückgelegt werden. Sie darf auch nicht die Bewegung einschränken, um, ohne vorheriges langes Zielen, schnell schießen zu können. Die Farbe der Kleidung spielt wahrscheinlich keine wesentliche Rolle, obwohl wir bis heute nicht genau wissen, ob der Wolf Farben unterscheiden kann. Wichtig ist, daß die Farbe der Kleidung zu der Farbe der Umgebung nicht in Kontrast steht.

7.2 Arten der Jagd

7.2.1 Ansitzjagd

Das ist die gegenwärtig häufigste Jagd auf Wölfe in Polen. In entlegenen Orten, nicht weit von ständigen Wolfspfaden und gleichzeitig nicht allzuweit von Feldern und menschlichen Ansiedlungen entfernt, baut man sogenannte Kanzeln (Abb. 7.1).

Abb. 7.1
Kanzel für die Ansitzjagd auf Wölfe (Zeichnung: M. SZLACHCIUK).

Die Kanzel muß stabil ausgeführt sein, um nicht bei jeder Bewegung des Jägers zu knarren. Ihre Wände, das Dach und der Fußboden sollen zweischichtig und wärmeisoliert sein (Papier, Styropur, Säcke, Streu). Nur so wird der Ansitz in der Kanzel in Frostnächten ermöglicht. Die nicht zu großen, aber hermetisch abschließenden Türen müssen ebenfalls wärmeisoliert sein. In einer Wand oder in zwei Wänden befinden sich nicht allzu große Glasfenster, die geräuschlos zu öffnen sein müssen. An einem offenen Platz in einer Entfernung von 30 bis 50 Schritt vor der Kanzel wird ein Tierkadaver ausgelegt. Man lagert ihn so, daß er mit der Bauchseite zum Fenster der Kanzel gerichtet ist. Um zusätzlich die Wölfe zur Annahme des Kadavers anzulocken, kann man abgeschnittene Stücke des Kadavers hinter Schlitten zum Luderplatz schleifen. Günstig ist, die Kanzel doppelt zu besetzen. Der Jäger muß die ganze Nacht wachen, denn die Wölfe kommen unregelmäßig zu dem Kadaver, manchmal gleich nach Einfallen der Abenddämmerung, aber oftmals auch erst kurz vor der Morgendämmerung. Er muß sich aber auch so ruhig wie möglich verhalten, insbesondere wenn Wölfe an den Luderplatz herantreten. Denn dann sind sie überaus wachsam, und wenn irgend etwas ihren Verdacht erweckt, fliehen sie sofort. Für einen einzelnen Jäger ist es schwer, die ganze Nacht ohne Schlaf auf der Lauer zu sein. Zu zweit ist ein Abwechseln möglich. Wenn zur Kanzel ein Anfahrtsweg führt, sollte der Jäger so nah wie möglich heranfahren, um dann unmittelbar vom Schlitten über die Leiter zur Kanzel zu gelangen. Wenn dagegen der Jäger vom Pferdewagen zur Kanzel gelangen muß, kann seine Spur mit Pferdedünger verwischt werden. Vorteilhaft ist es auch, zur Kanzel zu zweit zu gehen. Der eine Jäger bleibt dann auf der Kanzel, und der andere kehrt auf demselben Weg zurück. Auf der Kanzel sollte man eine halbe Stunde vor Sonnenuntergang Platz nehmen und sie bei ganz heller Morgendämmerung, am besten nach Sonnenaufgang, verlassen. Nachts muß man sich beim Ansitz auf der Kanzel das Mondlicht oder das Licht der Schneedecke zu eigen machen. Beim Ansitz auf Wölfe darf man nicht auf andere Tiere schießen, denn dadurch verscheucht man die Wölfe nicht nur in dieser Nacht, sondern manchmal für viele Tage. Nach einem Schuß auf einen Wolf muß man eventuell die Suche nach dem angeschossenen Wild bis zum hellen Tag zurückstellen. Ein verfehlter Wolf flieht oft einige Dutzend Meter im Galopp, dann verlangsamt er seinen Lauf und geht in den Trab über. Ein getroffener Wolf flieht mit langen, ausholenden Sprüngen. Wenn er nicht schwer getroffen ist, fällt er nach 2 bis 3 Kilometern in Trab. Tödlich getroffene Wölfe können von krankgeschossenen dadurch unterschieden werden, daß sie sich öfter entleeren. Wenn man an der Spur merkt, daß der Wolf schwer verletzt ist und von Zeit zu Zeit innehält, sollte man seiner Spur nicht unmittelbar weiter nachgehen, um ihn nicht unnötig weit zu treiben.

7.2.2 Treibjagd mit Lappen oder Fähnchen

Dies ist eine arbeitsintensive Art der Treibjagd, jedoch bei ordnungsgemäßer Ausführung der unentbehrlichen Handlungen sehr erfolgreich. Sie setzen sich, auf die Treibjagd bezogen, aus drei wechselseitig verbundenen Etappen zusammen: Aufspüren der Wölfe, Anlegen der Lappen und eigentliche Treibjagd.

Erste Bedingung ist das Aufspüren der Wölfe, d. h. die Bestimmung des Ortes, wo sie sich zur täglichen Ruhe niedergelassen haben. Die besten Bedingungen dazu herrschen bei Neuschnee, bei Temperaturen um 0 °C, wenn die Spuren im frischen Schnee ausgezeichnet sichtbar sind. Das Nachspüren darf man nicht allzufrüh beginnen, um die Wölfe nicht von ihrem Ruhelager zu verscheuchen. Im Niederungsgebiet benutzte man früher 2 Schlitten, heute dagegen meist Autos. Im bergigen Gebiet dagegen führt man dasselbe manchmal zu Fuß durch.

Abb. 7.2
Lappen (Zeichnung: M. SZLACHCIUK)

Nach der Lokalisierung der Wölfe in einem der nacheinander umkreisten Gebiete wird dieses geteilt und der Teil, in dem die Wölfe sich niedergelegt haben, eventuell noch einmal halbiert. Auf diese Weise kann man ziemlich genau die sich ausruhenden Wölfe umzingeln. Man sollte sich nicht bemühen, die Wölfe in einem allzu kleinen Gebiet festzumachen. Denn wenn sie ringsherum Bewegungen vernehmen, könnten sie sich aus dem Dickicht verziehen. Manchmal gelingt es auch, Wölfe rein zufällig aufzuspüren, bei Waldarbeiten oder Treibjagden auf andere Tiere.
Die 2. Etappe ist die Belappung, d. h. das Einschließen des Dickichts mit Lappen oder Fähnchen. Das sind Stoffstücke aus farbigem, schlaffem Material (Leinen, Kattun), aufgereiht in bestimmten festgelegten Entfernungen auf einer Schnur (Abb. 7.2).
Wölfe und einige andere Tiere „fürchten sich“ vor Lappen und überspringen sie sehr selten. Die Lappen können quadratische, dreieckige oder rechteckige Gestalt in den Farben Rot oder Orange haben. Die am häufigsten verwendete Form der Lappen sind Rechtecke von 8 bis 10 cm Breite und 40 bis 50 cm Länge, kräftig auf einer Schnur alle 35 bis 40 cm vernäht. Die Schnüre mit den aufgenähten Fähnchen haben eine Länge von 100 bis 150 m und sind auf eine hölzerne Trommel oder Schultertrage aufgewickelt.
Manchmal wendet man auch sogenannte Stangenlappen an. Das sind farbige Stoffstücke, die am Ende von hölzernen Pflöcken von 120 cm Höhe befestigt sind. Im Falle einer unzureichenden Menge von Lappenschnüren oder zu ge-

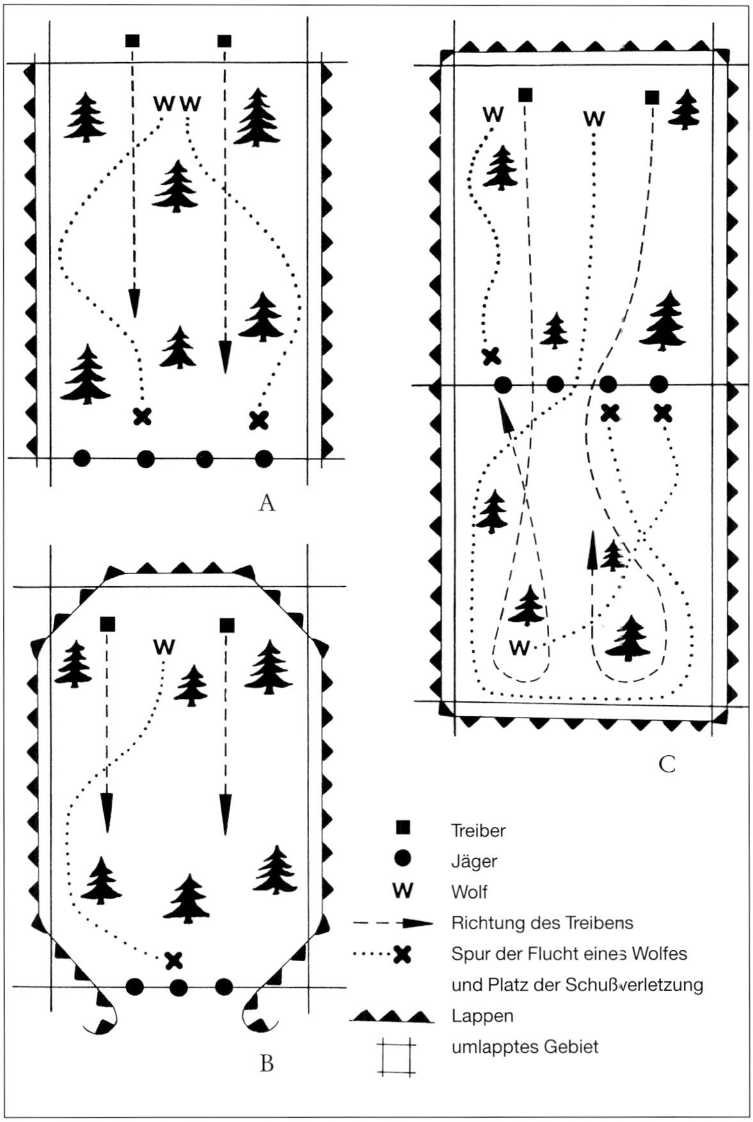

Abb. 7.3
Die Jagd auf Wölfe mit Lappen.
(A) Die Einlappung nur der Flanken des Kessels
(B) Die Einlappung des Kessels von 3 Seiten. Die Jäger stehen auf der 4. Seite am Durchlaß.
(C) Vollständige Belappung des Kessels. Die Jäger stehen auf der Mittellinie innerhalb des Kessels (nach KOWALSKI, 1953)

ringer Anzahl von Jägern verstopfen sie Schlupflöcher der Wölfe zwischen den Standorten der Jäger.

Das Belappen muß schnell sowie gleichzeitig sorgfältig und genau ausgeführt werden. Die Gruppe, die diese Tätigkeit ausführt, setzt sich aus 2 Zweiergruppen zusammen. Sie beginnen mit dem Auslegen der Lappen von demselben Ort aus, gleichzeitig nach verschiedenen Richtungen, ein Team nach rechts, das andere nach links. Das erste Teammitglied geht möglichst schnell und wickelt die Schnur aus (meistens wirft er sie einfach nur auf die Erde). Der zweite hängt die Lappen an Bäume und Sträucher. Die Schnur soll leicht gespannt sein und so aufgehängt, daß sich der untere

Rand der Fähnchen nicht höher als 15 cm vor der Schneefläche oder dem Erdboden entfernt befindet. Am Anfang und am Ende jedes Schnurabschnitts, etwa alle 40 bis 50 m, muß man die Schnur an dünne Baumstämme binden. Man muß das Anlegen von Lappen an Dickichten vermeiden. Denn dann sind sie schlecht sichtbar, und es entstehen Knicke in der Lappenlinie. Man sollte das Dickicht in einem großen Halbkreis umgehen. Das Belappen sollte bei Einhaltung allergrößter Ruhe ausgeführt werden. Denn die Wölfe können leicht erschrecken und aus dem Jagen fliehen. Wenn sich die Wölfe über nacht innerhalb der Einlappung aufgehalten haben, sollte man vor Beginn der Treibjagd den Lagerplatz rundherum abschreiten, um festzustellen, ob die Wölfe nicht aus dem Lappengebiet entkommen sind.

Die Jagd selbst kann in Abhängigkeit von der Anordnung der Lappen auf verschiedene Arten durchgeführt werden:

1. Die Lappen bilden nur Flanken des Kessels

Diese Art wird eher selten angewendet. Die Jäger bewegen sich auf Schlitten mit den Lappen parallel zum Lagerplatz der Wölfe. Nicht belappt werden die Seiten des Kessels, durch die die Eingangsspur der Wölfe führt sowie an festgelegten engen Durchlässen.

Das ordnungsgemäße Anlegen der Lappen und das Treiben haben hier sehr große Bedeutung (Abb. 73A). Denn wenn die Wölfe auf die Jäger treffen, sehen sie die Lappen überhaupt nicht oder lassen sich von ihnen nur einmal zurückhalten. Im Kessel müssen die Treiber langsam vorangehen und angemessene Abstände halten. Sie dürfen nicht schreien, nur von Zeit zu Zeit einen Zweig umknicken, einen Stock an einen Baum schlagen oder husten.

2. Die Lappen umschließen drei Seiten des Kessels

Die Treibjagd verläuft in derselben Weise wie bei 1.

3. Die Lappen umschließen den Kessel rundherum

Bei diesem Anlegen der Lappen kann die Treibjagd in mindestens 2 Varianten durchgeführt werden. In der ersten Variante stellen sich die Jäger längs einer Seite des Kessels auf, zu der der Wolfsdurchlaß verläuft. Man nimmt an dieser Stelle die Lappen ab und hängt die Lappenschnur hinter der Linie der Jäger so auf, daß sie eine Art Trichter bildet, der hinter dem Rücken der Jäger ausläuft (Abb. 73B). Man sollte die Wölfe nicht mit Methoden der Hetzjagd wie Schreien und Klappern treiben, denn die Wölfe werden durch Lärm erschreckt, durchkriechen die Lappen, und in der Zukunft werden sie sie nicht mehr fürchten.

In der zweiten Variante sind die Jäger in einer Linie, die das umlappte Jagen halbiert, aufgestellt (Abb. 73C). Im Kessel sollten zwei bis drei Treiber gehen, die nach dem Eindringen in den Kessel einen Schuß und alle 100 bis 150 m ein akustisches Signal abgeben sollten.

Denn wenn sich das Rudel aus zwei Teilen, die sich vor und hinter der Stellungslinie der Jäger befinden, zusammensetzt, müssen die Jäger orientiert sein, wo sich in einem bestimmten Augenblick die Treiber befinden und von wo man einen Wolf erwarten kann. Solch eine Treibjagd dauert sehr lange, wenn sich in einem belappten Jagen mehrere Wölfe befinden. Denn aufgescheuchte und nicht getroffene Wölfe ändern die Richtung, weichen auf die

Lappen aus und kehren erneut zurück, indem sie einen Ausweg suchen, bevor sie erneut den Jägern auflaufen.
Wölfe sollte man nicht länger als 24 Stunden innerhalb der Lappen festhalten, weil sich immer etwas Unvorhergesehenes ereignen kann (plötzlich fällt Schnee, es bricht ein Baum oder ein Ast), und die Schnur wird zerrissen oder fällt zur Erde. Zum Zwecke der zusätzlichen Sicherung vor dem Ausbrechen der Wölfe aus den Lappen umgibt man einen Kessel mit einer zweiten Schnurreihe. Man kann die eine über der anderen oder auch in derselben Höhe hintereinander in einer Entfernung von 60 bis 80 cm aufhängen. Bei häufigerer Treibjagd mit Lappen, wenn die Mehrzahl der Wölfe mit den Lappen Kontakt hatte, hören die Wölfe auf, die Lappen zu fürchten. Erwachsene Individuen respektieren sie entweder überhaupt nicht oder bleiben in dem umlappten Gebiet nur sehr kurze Zeit und entweichen immer in der Nacht (KOWALSKI, 1953).

7.2.3 Lockjagd

Die Anlockjagd ist die schwierigste Treibjagd auf Wölfe. Sie wird nur durch sehr wenige Jäger betrieben. Denn sie erfordert nicht nur die Kunst, das Wolfsgeheul ausgezeichnet zu imitieren. Im Herbst antworten junge Wölfe, die während der nächtlichen Jagd ihrer Eltern zurückgelassen wurden, auf sachkundiges Locken (man lockt in der Nacht etwa von 22 bis 24 Uhr). Das erlaubt, sie zu lokalisieren, und anschließend umlappt man die ganze Familie bei Tageslicht. Die Wölfe kann man auch im zeitigen Frühjahr (bei Morgen- oder Abenddämmerung) locken oder in der Zeit der Ranz (in hellen Nächten). Wenn die Wölfe auf das Locken antworten, können sie sich in verhältnismäßig kurzer Zeit dem Standort des Jägers nähern.

7.2.4 Andere Arten der Jagd

Wölfe sind in vielen Ländern ausgerottet worden. Dazu wurden die unglaublichsten Mittel eingesetzt. Einige Arten der Jagd werden schon lange nicht mehr angewendet. Wir erfahren darüber nur aus alten Quellen. Sie sind heute gesetzlich verboten.

Jagd mit Ferkel oder Hund Diese Methode wurde in Polen noch Anfang des 19. Jahrhunderts ausgeübt. Die Jäger fuhren in einer Mondnacht mit Schlitten in die Nähe des Waldes. Auf dem Schlitten wurde ein Ferkel gehalten. Hinter dem Schlitten zog man ein Strohbündel mit Schweinemist nach, um den Wölfen das Trugbild eines laufenden Ferkels zu verschaffen. Die angelockten Wölfe rannten zur Verfolgung hinter dem Schlitten her, was den Jägern die Gelegenheit zum Schuß gab. Die Rolle des Köders konnte auch ein Hund erfüllen.

Jagd mit Windhunden Diese Jagd wurde in Steppengebieten Rußlands noch im vorigen Jahrhundert ausgeführt. Zu diesem Zwecke wurden große, kräftige Windhunde benutzt. Diese Jagden fanden überwiegend im Herbst statt, hauptsächlich auf junge Wölfe.

Jagd mit Greifvögeln In den Steppen Kasachstans und Kirgisiens wird bis heute der Steinadler zur Jagd auf Wölfe benutzt. Ein reitender Jäger scheucht die Wölfe auf und läßt den auf der Hand gehaltenen Adler frei. Dieser holt den Wolf ein, attackiert und tötet ihn.

Jagd mit Netzen Sie wurde früher in Rußland und Polen angewendet. Netze von 2 bis 3 m Höhe und 10 bis 20 m Länge wurden aus grober Schnur angefertigt. Aufgestellt wurden sie in Dickichten auf einer Länge bis zu 500 m und an Zweigen und Stöcken dem Kessel zugeneigt aufgehängt.

Jagd durch Umzäunung Nicht weit von einem regelmäßig besuchten Wolfsweg am Rande eines dichten Jungwaldes hatte man einen Kadaver ausgelegt. Ungefähr 15 bis 20 m davon entfernt begann sowohl auf der linken als auch auf der rechten Seite ein Zaun, der in den Jungwald hineinging und eine Ellipse mit einer Längsachse von ungefähr 150 m bildete. Der 2 m hohe Zaun wurde aus hölzernen Bohlen, Reisig oder Fichtenzweigen hergestellt. Der Köder war so verteilt, daß das erste Stück auf der Wolfsroute vor dem Wolfsverschlag lag, das nächste im Eingang und das letzte etwa 30 m innerhalb des Wolfsverschlages. Eine andere Art der Anlockung bezog sich auf regelmäßiges Auslegen von Kadavern, die mit der Zeit immer mehr in die Tiefe des Wolfsverschlages verschoben wurden.
Die Jagd begann, wenn man überzeugt war, daß die Wölfe den Luderplatz regelmäßig besuchten.

Wolfsflechtzäune Angewendet wurde diese Methode noch zu Anfang unseres Jahrhunderts in Sibirien. Unweit von abgelegenen Häusern oder menschlichen Siedlungen hat man in der Nähe des Waldes Flechtzäune errichtet. Das waren zwei Zäune in Gestalt von konzentrischen Kreisen von bis zu 3 m Höhe. Die äußere Umzäunung hatte einen Durchmesser von 5 bis 8 m und eine Öffnung von 50 cm Breite. Der innere Zaun hatte vom äußeren einen Abstand von 45 cm und war ohne Öffnung (Abb. 7.4A).

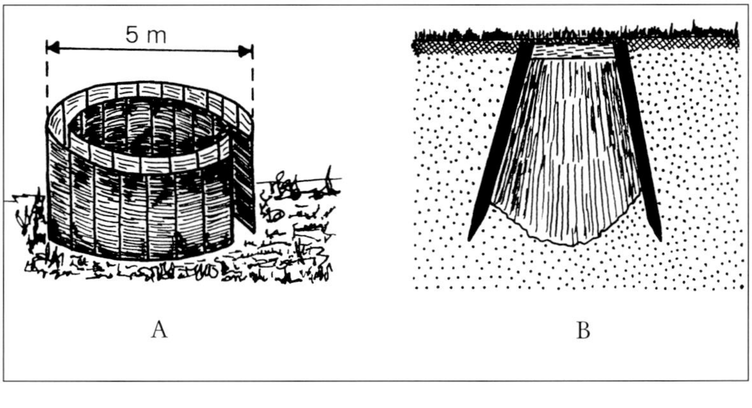

Abb. 7.4
Wolfsflechtzaun (A) und Wolfsgrube (B) (nach Kowalski, 1953)

Beide Zäune waren aus Fichtenzweigen geflochten. Sie wurden so aufgestellt, daß die zugespitzten Enden der Fichtenzweige in Richtung des Korridor-Eingangs zeigten. In der Öffnung des äußeren Zaunes befand sich ein auf Scharnieren gelagertes Tor, das man nur von außen und zum kreisförmigen Korridor hin öffnen konnte. Innerhalb des inneren Kreises befand sich als Lockmittel ein Hund. Und wenn ein Wolf durch das offene Tor eingetreten war, hatte er nicht mehr die Möglichkeit zur Flucht. Denn der schmale Korridor ermöglichte keine Kehrtwendung, und die zugespitzt angeordneten Zweige verhinderten einen Rückzug. Der Wolf konnte nur im Kreis weiterlaufen. Dabei stieß er das Tor im Eingang von innen zu.

Wolfsgruben Diese Jagdmethode ist seit prähistorischen Zeiten bekannt. Auf ständigen Durchgangspässen der Wölfe hat man sich nach oben verengende Gruben von 4 m Tiefe gebaut (Abb. 7.4 B). Die Öffnung mit einem Durchmesser von 1,5 m befestigte man an den Rändern mit Holzstücken. Die Wände der Gruben sicherte man mit Rundhölzern. So wurde das Abbröckeln der Erde verhindert. Man bedeckte die Grube mit dünnen Zweigen und Moos. Außerdem streute man Blätter und Humus darauf. Manchmal installierte man in der Mitte unten einen Pfahl, der bis an die Oberfläche reichte, auf dessen Spitze man als Lockmittel eine Gans oder Ente angebunden hatte.

Treiben durch den Schnee Diese Methode war in Rußland in Gebieten mit reichlich Schnee bekannt. In den Steppen rückten die Jäger auf Pferden in großer Schar vor, und die aufgescheuchten Wölfe waren gezwungen, in alle Richtungen auseinanderzulaufen. Die Jäger trabten hinter den einzelnen Wölfen hinterher. Diese bahnten sich einzeln im tiefen Schnee den Weg und verloren schnell an Kraft. In der Tundra dagegen trieb man die Wölfe auf Skiern. In einer modernen Variante dieser Prozedur benutzte man in Skandinavien und der früheren UdSSR hierzu Schnee-Scooter

Treibjagd In Gegenden, in denen die Wölfe bedeutende Schäden unter den Haustieren anrichteten, organisierte man sowohl in den Sommermonaten als auch im Winter Treibjagden. Herbst- und Wintertreibjagden endeten in der Mehrzahl der Fälle erfolglos. Dagegen hatten sie im Sommer ziemliche Erfolgschancen. Denn oft gelang es durch Anlocken, den Platz der Wolfshöhlen zu bestimmen. Das Jagen, in dem sich die Wölfe aufhielten, schloß man erst gegen Mittag ein. Denn früher sind die erwachsenen Wölfe auf Jagd und halten sich außerhalb der Höhle auf. Sehr häufig entkamen erfahrene Wölfe unversehrt.

Kesseltreiben Diese Art der Jagd wurde auf Wölfe wie auch gegen andere Tierarten ausgeübt. Es wurde am Tage wie auch in der Nacht gejagt. Wenn man Spuren im Schnee fand, jagte man am Tag mit Treibern. Die Jäger wurden auf den Wolfspässen und den vermutlichen Fluchtwegen der Wölfe verteilt. Die Treiber umstellten den Kessel an den drei übrigen Seiten. Sie erfüllten damit sozusagen die Rolle „lebender Lappen“. Der Jäger wurde dann auf einem Schlitten von der Seite des voraussichtlichen Fluchtweges an den Luderplatz herangefahren und nahm einen maskierten Standort auf freiem Gelände (Wiese oder Holzeinschlag) ein. Der Treiber näherte sich ruhig von der anderen Seite dem Luderplatz. Nicht allzusehr bedrängte Wölfe liefen auf ihren gewohnten Pfaden auf den Jäger zu.

Lappenjagd mit Duftmarkierung Gejagt wurde auf diese Weise im dichten Bergterrain und bei Mangel an Lappen. Dazu reichten zwei Jäger aus, die mit Skiern 20 bis 30 Lappenstangen und 2 kg Naphthalin oder Jodoform ausgerüstet waren. An einem windstillen Tag umrundeten sie auf Skiern die Wölfe möglichst engräumig. Danach rieben sie ihre Ski mit den Chemikalien ein und umfuhren das Jagen noch einmal. Auf Wechseln und an Stellen mit starkem Pflanzenwuchs stellten sie jeweils 2 bis 3 mit Duft behaftete Lappenstangen auf. Die Jäger näherten sich einander beim Aufstellen der Lappenstangen auf 50 bis 60 m. Dann schlugen sie weite Bögen, die ein Tor frei von intensivem Geruch bildeten. Einer von ihnen schnallte seine Ski ab und nahm eine Stellung gegenüber der freibleibenden Lücke ein. Der zweite kehrte auf seiner Spur auf die entgegengesetzte Seite zurück, drang in den Kessel ein und jagte so die Wölfe auf.

Schlingen Diese Methode wurde früher in der ehemaligen UdSSR, den USA und in Kanada angewendet. Sie ist wegen der überaus großen Tierquälerei äußerst verwerflich.

Fangeisen Diese Methode ist in Nordamerika und der ehemaligen UdSSR weit verbreitet. Es existieren viele Varianten. Ebenfalls ist diese Methode wegen ihrer Brutalität abzuweisen.

Selbstschußanlagen Das war eine ungewöhnlich gefährliche Art der Jagd, nicht nur für andere Tiere, sondern auch für den Menschen.

Gift Zu dieser Methode hat man schon sehr früh gegriffen, sowohl in Amerika als auch in Europa. Bei Wolfsvernichtungsaktionen in der früheren UdSSR und in Polen verwendete man Luminal. In den USA und Kanada wendet man außer Strichnin auch Zyanid und Natriumfluoroctan an. Es ist tierschützerisch nicht akzeptabel.

Jagd aus der Luft Das Töten der Wölfe vom Flugzeug aus wurde im großen Umfang in regierungsamtlichen Vernichtungsaktionen in den USA und Kanada bis zum Anfang der 60er Jahre ausgeübt. Gegenwärtig findet man diese Art noch in organisierten Formen in Alaska, wo sie für manche Leute beliebte Unterhaltung ist. In der früheren UdSSR wurden bis zum Ende der 60er Jahre jährlich von Flugzeugen und Hubschraubern Tausende von Wölfen vernichtet. Und das gibt es auch heute noch, wenn auch in bedeutend kleinerem Umfang (Bibikov, 1985). Die Nutzung von Flugzeugen im Flachland in der Winterperiode, wo es wenig natürliche Deckung gibt (Steppen, Tundren, Taiga mit einer großen Menge von Sümpfen und Seen), war außerordentlich effektiv. Es wurden ganze Familien und in sehr kurzer Zeit praktisch die lokale Population der Wölfe ausgerottet. Wölfe, die überlebten, haben schnell gelernt, aus den offenen Gebieten zu flüchten, wenn sie das Motorengeräusch eines Flugzeuges hören (MECH, 1970).

7.3 Trophäen

Es ist unglaublich, daß es noch heute Menschen gibt, die um einer Trophäe willen Tiere töten!
In frühesten Zeiten bewahrten und trugen die Jäger zum Beweis ihres Mutes Eckzähne und Krallen von Bären, Felle und Eckzähne von Wölfen und vieles andere. Es ist schon eine große Glücksache, einen doch sehr seltenen Wolf zu erlegen. Felle mit Schädeln bildeten früher die häufigsten Trophäen, die man als Teppiche hinlegte oder an Wände hängte. Gegenwärtig bildet sowohl das Fell als auch der Schädel vom Wolf, jedes für sich, eine Trophäe. Mit Trophäen gibt man an, um sich von „gewöhnlichen" Leuten zu unterscheiden.
Heute unterliegen Wolfstrophäen nach dem internationalen Übereinkommen im Handel mit gefährdeten Tierarten, CITES (Convention on International Trade of Endangered Species of Wilf Fauna and Flora) festen Vorschriften. Nach Deutschland dürfen Wolfstrophäen nur mit gültiger Ausfuhrgenehmigung (CITES des Jagdlandes) und Einfuhrgenehmigung (deutsche CITES) eingeführt werden.
In Deutschland ist der Wolf nach dem Washingtoner Artenschutzabkommen und der Berner Konvention sowie dem Bundesnaturschutzgesetz (BGB I, S. 889 vom 22.03.1987) geschützt.

7.3.1 Präparierung

Wenn es zu einem legalisierten Abschuß gekommen ist, kann eine Präparierung erfolgen. Dafür legt man den Wolf auf den Rücken. Das Fell wird mit einem Schnitt längs der Symmetrieachse aufgeschnitten. Dabei beginnt man an der Unterlippe und geht über Brustkorb und Bauch bis zum Schwanzende. Wenn beabsichtigt wird, das Fell mit dem Schädel in einem Stück zu präparieren, darf man die Unterlippe nicht aufschneiden, sondern man beginnt vom Ansatz des Unterkiefers. Zwei Schnitte sind zum ersten Schnitt rechtwinklig auszuführen: von der Mitte der Daumenballen durch die Innenseite der vorderen Pfoten bis zur Mitte der Brust und von der Mitte der Fersen durch die Innenseite der Hinterpfoten zum After (KRUPKA u. a., 1990). Das Fell wird gewöhnlich ohne Membranen und ohne das Unterhautfettgewebe abgezogen. Man schneidet die Krallen bei dem letzten Gelenk der Zehen ab und läßt sie am Fell. Das Fell an den Ohren löst man an den Außenseite sorgfältig vom Knorpel, kehrt es mit den Haaren nach innen um und stopft es von der Mitte her mit Papier aus. Die Nase schneidet man vom Knorpel an der Stelle ab, wo die Behaarung endet. Das Fell des Schwanzes zieht man bis zum eigentlichen Ende ab. Das Fell befestigt man mit Hilfe

von Nägeln an einem hölzernen Rahmen oder einer Tür und trocknet es bei Zimmertemperatur. Erst nach dem Austrocknen kann man das Fell zum Gerben geben. Gut gegerbtes Fell soll weich und leicht sein.
Der Kopf, ohne Fell, wird in ein Gefäß gelegt, mit kaltem Wasser übergossen und etwa eine halbe Stunde gekocht. Beim Hineingeben in kochendes Wasser würde die Emaille der Zähne platzen! Es muß aufmerksam kontrolliert werden, wann das Fleisch leicht von den Knochen abzutrennen ist. Denn nach zu langem Kochen zerfällt der Schädel an den Knochennähten. Ein angemessen gekochter Schädel muß in ein Gefäß mit kaltem Wasser gelegt werden und darin bis zur vollständigen Abkühlung liegenbleiben. So verhindert man das Eindringen von Fett in das Innere der Knochen. Diese würden sonst ranzig und übel riechen sowie gelbe Flecken bekommen. Wenn der Schädel vollständig abgekocht ist, entfernt man die Augenkugeln, die Zunge und das Gehirn. Die Fleisch- und Fettreste können durch Scheuern des Schädels mit einer harten Bürste und Seife entfernt werden.
Soll der Schädel aufgehellt werden, muß man ihn einige Stunden in die Sonne legen und von Zeit zu Zeit mit Wasser begießen. Oder er wird mit Watte oder Zellstoff, was mit 30 % Wasserstoffperoxyd getränkt ist, belegt. Um einen sehr verschmutzten Schädel aufzuhellen, kann man ihn einige Minuten in mit Wasser verdünntem Wasserstoffperoxyd (H_2O_2 : Wasser = 1 : 5) kochen. Dabei wird jedoch große Vorsicht verlangt. Denn allzu langes Verbleiben des Schädels im kochenden Wasser verursacht seinen Zerfall. Bei der Präparation der Kopfhaut wendet man gegenwärtig allgemein einen künstlichen Schädel an. Denn der eigentliche Schädel ist für sich schon eine Trophäe. Die so präparierte Haut unterfüttert man anschließend mit flachsblondem Leinen und an den Rändern mit einem gezahnten Streifen aus grünem oder bordeauxrotem Tuch.

7.3.2 Vermessung und Bewertung

Die Bewertung der Trophäen ist zur Zeit nach den Kriterien des internationalen Jagdrates (C.I.C) auf der ganzen Welt genormt. Die Bewertung erfolgt durch eine Expertenkommission während internationaler Jagdausstellungen. Dadurch wird eine Vergleichsbewertung der Trophäenklassen ermöglicht. Gegenwärtig wird der Schädel als alleinige maßgebende Trophäe eines Wolfes anerkannt. Die Festlegung der Preise für den Schädel erfolgt nach der Formel:

$W = a + b$

W – Punktbewertung des Schädels

a – Länge des Schädelprofils (gemessen vom Schneidezahnansatz bis zum am weitesten nach hinten vorgeschobenen Punkt auf dem äußeren pfeilförmigen Kamm)

b – zygomatische Breite des Schädels (der größte äußere Abstand der Jochbögen, senkrecht gemessen zur Längsachse des Schädels)

Die Messungen werden mit einer Schublehre bis zu einer Genauigkeit von 0,01 cm (Abb. 7.5) ausgeführt. Prämiert werden die Schädel nach folgendem Maßstab (KRUPKA u. a., 1990):

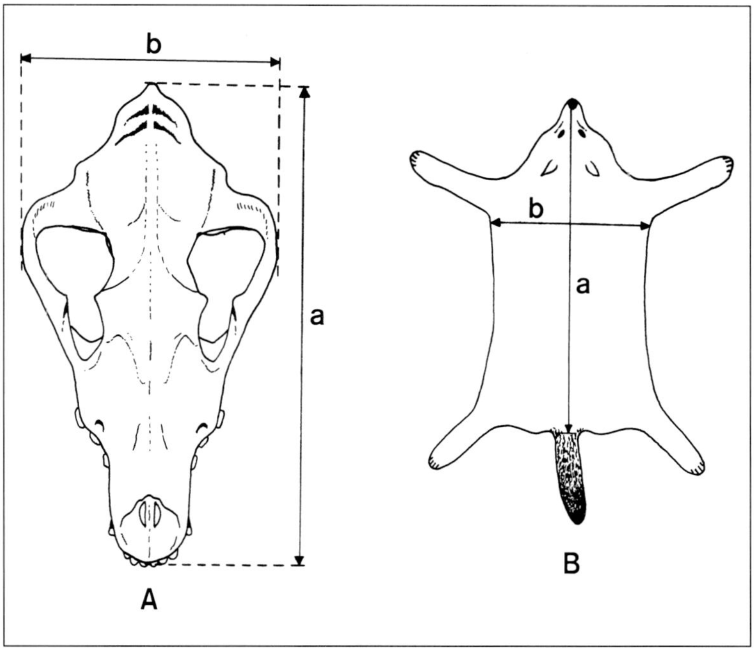

Abb. 7.5
Vermessung des Schädels (A) und des Felles (B) beim Wolf

– Bronzemedaille	37,00–38,99 Punkte
– Silbermedaille	39,00–40,99 Punkte
– Goldmedaille	ab 41,00 Punkte.

Das Fell wurde früher als wichtigste Wolfstrophäe angesehen. Jedoch hängen die Maße des Felles, und davon geht die Punktbewertung aus, in hohem Grad von der Art der Gerbung ab. Das erlaubt demzufolge keine objektive Bewertung des Felles selbst. Deshalb geht man von ihrer Prämiierung als Trophäe ab. In begrenztem Umfang erfolgt jedoch auch gegenwärtig eine Bewertung nach folgender Formel:

$$W = \frac{a \times b}{100} + c$$

W – Punktbewertung des Felles
a – Länge des Felles (vom Ende der Nase bis zum Schwanzansatz)
b – Breite an der schmalsten Stelle hinter den Vorderpfoten
c – Zusatzpunkte (für die Schönheit)

Messungen führt man mittels Metallbands, das eng auf das Fell gelegt wird, mit einer Genauigkeit von 0,1 cm durch (Abb. 7.5).

Zusatzpunkte für die Schönheit des Felles, die jedoch nicht 25 % der Punkte überschreiten dürfen, die sich durch die Messungen ergeben haben, beziehen sich auf Länge des Haares (bis 10 %), Dichte und Gleichmäßigkeit des Haares (bis 10 %) sowie Kragenbreite (5 %). Felle werden in folgendem Maßstab prämiiert:

– Bronzemedaille	100,00–109,99 Punkte
– Silbermedaille	110,00–119,99 Punkte
– Goldmedaille	ab 120,00 Punkte.

7.4 Jagdbegriffe

(In Anlehung an „Polnische Jägersprache“, HOPPE, 1980, ergänzt durch Anmerkungen des Übersetzers.)

Bekanntlich spielte der Wolf im Leben der Menschen in der Vergangenheit eine bedeutendere Rolle als heute, speziell in Polen, dem einzigen Land in Mitteleuropa, in dem sich bis in die Gegenwart eine lebensfähige Population erhalten hat. Viele auf den Wolf bezogene Begriffe sind mit Bezug auf das Verhältnis Wolf – Mensch zu erklären oder lassen zumindest eine Vermutung für ihre Entstehung zu. Allein die Vielfalt der Begriffe, die sich herausgebildet haben, deutet auf die ständige Präsenz des Wolfes im Bewußtsein des Menschen hin.

Beispiele:

1) Ein Wolf, der die Lappen nicht fürchtet und aus ihnen entkommt, wird als erfahren oder vertraut und routiniert bezeichnet. Diese Bezeichnung läßt durchaus vermuten, daß der Jäger den Wolf als Persönlichkeit akzeptiert und würdigt.
2) Für ein umlapptes, schwer durchdringliches Waldgebiet hat sich im Polnischen ein eigenständiger Begriff „Fladrowisko“ herausgebildet. Ein Hinweis darauf, daß die Lappenjagd in der Vergangenheit allgemein bekannt war.
3) Ein prächtiger Wolf wird mit derselben Bezeichnung belegt wie ein „Pferdeliebhaber“. Man könnte fast meinen, daß man dem Wolf damit achtungsvoll bewundernd entgegentrat.
4) Ein kleinwüchsiger Wolf und ein Schweinehirt werden mit demselben Wort bezeichnet. Soll hiermit ein nicht stattlicher Wolf mit einem gering geschätzten Berufsstand gleichgesetzt werden?
5) Der Ausdruck für „Nachkommenschaft gebären“ kann auch „geringschätzig behandeln“, „mißachten“ bedeuten. Möglicherweise spiegelt sich in dieser Mehrfachbedeutung der Vorsatz der Ausrottung des Wolfes wider.
6) Für eine Familie von Wölfen haben sich gleich zwei Negativbegriffe herausgebildet: zum einen die Bezeichnung „Betrügerbande“, „Hundemeute“, zum anderen die etwas veraltete Bezeichnung „militärische Unterabteilung der Kosaken“, „ein Haufen irregulärer Truppen“.
7) Der Ausdruck für „Beutetöten“ bedeutet im engeren Sinne „gegenseitiges Abschlachten“, „Zugrunderichten“, „Kehledurchschneiden“. Ist diese Begriffsbildung ein Hinweis auf die Betrachtung des Wolfes als blutrünstige Bestie?
8) Ein Wolf, der älter als ein Jahr aber noch nicht erwachsen ist, wird im Polnischen als ein Wolf bezeichnet, der überwintert hat. Offensichtlich ist das eine Bezugnahme auf die gute Kenntnis der Lebensweise/Biologie der Wölfe.
9) Die Augen heißen auch „Lampen“, der Kopf auch „Laterne“, die Ranzzeit, auch „Hitze“, die Nase auch „Riecher“. Jagdbegriffe, die mehr

oder weniger parallel auch im Deutschen zu finden sind und symbolisch verstanden werden sollten.

10) „Im Trab laufen“ wird im Polnischen mit „sznurować“ belegt. Es erinnert an das deutsche Wort „schnüren“ und ist eine gut beobachtete, bildhafte Ausdrucksweise für die Fortbewegung des Rudels.

11) Der Wolfsschwanz, im Deutschen „Rute“, hat im Polnischen zwei Bezeichnungen: „Holzkloben“ oder „Holzscheid“ und „Strohwisch“ oder „Bündel“. Sehr symbolisch zu verstehen! Zum einen bezogen auf die Bauweise des Schwanzes, zum anderen auf seine Funktion.

Der Wolf im Bewußtsein des Menschen

Kapitel 8

8.1 Der Wolf als Schaffensmotiv

Auf der einen Seite flößt der Wolf Furcht ein, auf der anderen fasziniert er den Menschen. Er wird als intelligent, pfiffig und verwegen charakterisiert, lebt geheimnisvoll und soll eine vermeintliche Gefährdung des Menschen und seines Besitzes mit sich bringen. Eigentlich hat der Mensch dieses Bild vom Wolf selbst geschaffen. Es ist ein Lebewesen im Bewußtsein der Menschen entstanden, das nicht die Realität, sondern, vor allem auf einigen alten Märchen beruhend, die Einbildungen und Phantasien des Menschen widerspiegelt. So entstand das düstere Bild des Wolfes, der wie kein anderes Tier durch die Jahrhunderte vom Haß der Menschen umgeben war.
Überall, wo der Wolf auftrat, wurde er zum Motiv des Glaubens und Aberglaubens, zum Held von literarischen Werken und Jagdgeschichten. Wir finden ihn in der Malerei, in Grafiken, in Skulpturen sowie in der Namensgebung und Heraldik wieder.
Die Mythologie der alten Griechen und Römer nutzte oft die Gestalt des Wolfes. Eine Wölfin soll die Nährmutter der Gründer Roms, Romulus und Remus, sowie auch des Gründers der Türken, Tarkan, gewesen sein (D. LANGWALD).
Auch die Bibel erinnert mehrfach an ihn. In der christlichen Tradition des Mittelalters wurde dieses Tier zum Symbol der Macht der Finsternis. Hexen sollten Wölfe auf dem Weg zum Sabbat als Reittiere benutzt haben. Sie saßen rücklings auf den Wölfen oder legten sich zumindest Strumpfbänder aus Wolfsfell an.
Aber der Wolf war auch eins der Attribute des heiligen Franziskus von Assisi! Der Wolf von Gubbio soll unter dem Einfluß des Heiligen auf den Weg der Besserung gelangt sein (KOPALINSKI, 1990).

8.2 Der Wolf in Literatur und Kunst

Der Wolf ist ein ungewöhnlich dankbares literarisches Motiv. Denn er bietet die Atmosphäre von Gefahr und Gruseligkeit. Deshalb wurde er auch oft in Romanen, Erzählungen und Gedichten, ernsten und weniger ernsten literarischen Formen benutzt. Die dem Wolf zugeschriebenen eindeutig negativen Eigenschaften führten dazu, daß er einer der häufigsten Helden in Märchen wurde, zum Beispiel der herrlichen didaktischen Märchen des französischen Schriftstellers LA FONTAINE. Unzweifelhaft bekannter ist jedoch das Märchen vom Rotkäppchen. Es ist in vielen Fassungen verbreitet, abhängig von den Absichten der Nachahmer, manchmal grundsätzlich verschieden vom fast 300jährigen Original von CHARLES PERRAULT. Entsprechend differenziert ist auch die grafische Darstellung des Wolfes. Der Wolf erscheint darin auf sehr abschreckende Art (Abb. 8.1).

Sehr reich ist die den Wolf betreffende Jagdliteratur. Davon spricht schon JAKOB HAUR in seinem Werk „Gutsbesitzerökonomie" (poln.), 1675. Es findet sich dort ein Fragment „ein Mensch wurde von Wölfen angegriffen, er kletterte auf einen Baum. Aber die Wölfe hatten diesen Baum untergraben. Er verletzte sich einen Finger und es tröpfelte Blut auf einen Wolf. Darauf fraßen die anderen diesen Wolf auf". KASIMIERZ HR. WODZICKI widmete dem Wolf viel Raum in seinen „Erinnerungen eines Jägerlebens" (1880). VALERIAN KUROWSKI charakterisierte im „Jagdwesen in Polen und Litauen" (1865) den Wolf ebenso: „Der Wolf ist eine Art wilder Hund, ein Tier, das am verbissensten, am schädlichsten, am hinterlistigsten ist, das nicht nur wilde und Haustiere vertilgt, sondern auch während der Fröste über Menschen herfällt". An anderer Stelle gab er einen Abschnitt über seine Gewohnheiten: „Pferde attackiert der Wolf von vorn, Hornvieh von hinten, Schweine dagegen hinter den Ohren und treibt sie vom Schwanz aus nach vorn".

Große Popularität erfreut sich das Wolfsmosaik von KONRAD MACHCZYŃSKI (1896). Es enthält Erzählungen und Erinnerungen an Wolfsjagden.

Der Zeitraum zwischen den Kriegen brachte einige sehr interessante Berichte und vor allem „Der Wolf schlug mehrmals zu" (poln.) von JULIAN EYSMONT (1926) und „Das Jahr des Jägers" (poln.) von WLODZIMIERZ KORSAK

Abb. 8.1
Rotkäppchen und der Wolf (Zeichnung: J. MARCOLLA, „Unsere Bücherei" (poln.), Warschau, 1986).

Abb. 8.2
Wolfsplastik „Fuga" von DOMICELLA BOZEKOWSKA, Warschau Ausstellung in Warszawa 1986, (Foto: D. BOZEKOWSKA).

(1922). Dieser zuletzt Genannte schrieb folgendes: „Den Wolf, diesen unseren vierbeinigen Räuber, trifft man jetzt nicht mehr überall auf polnischer Erde. Sein Königreich ist dieser zudringliche Strolch, wegen dem man keine ordentliche Viehzucht durchführen kann, schon gänzlich losgeworden."
Ein Buch von besonderem Wert war die naturwissenschaftliche Jagdbiographie „Wolf" (poln.) von BOLESŁAW ŚWIĘTORZECKI, herausgegeben im Jahre 1926. Der Autor übermittelt nicht nur redlichen biologischen Inhalt sondern rief auch, was besonders wert zu unterstreichen ist, zur Zurückhaltung bei der Ausrottung von Wölfen auf. Man kann nur bedauern, daß diese Position so schwer Eingang in die Praxis findet, zumal sie auch gegenwärtig manchem Jäger viel geben würde.
Im Jahre 1953 erschien ein Buch, das dem vorherigen entgegengesetzt war. „Der Wolf und seine Bekämpfung" von Z. KOWALSKI. Geschrieben als Kampf gegen die „Wolfsplage", stellt es ein äußerst negatives Bild dieser Tierart dar. In einem ähnlichen Ton waren in dieser Zeit zahlreiche Artikel in der populären Presse und in Jägerzeitschriften gehalten. So schrieb zum Beispiel L.

SIEDLECKI, der Hauptkommissar in Sachen Wolfsvernichtung, in den Spalten „Polnischer Wald“ im Jahre 1957 über die Wölfe: „Sie haben die Fähigkeit des massiven Mordens der überraschten Opfer, wodurch viel mehr Tiere zugrunde gehen, als sie zur Stillung des Hungers benötigen“. Und weiter: „Man muß sich auch an die Wolfsplätze auf dem Gebiet der östlichen Bezirke (...) erinnern, die einen kläglichen Anblick eines durch die Wölfe verwüsteten Jagdbrachlandes darstellen, wo sogar der Hase eine Seltenheit“. Ähnlich völlig falsche Ansichten halten sich leider hartnäckig bis auf den heutigen Tag. Das Wolfsmotiv finden wir auch in Malerei und Bildhauerei. Unter den vielen Flachplastiken auf den bronzenen Flügeltüren der Kathedrale in Gniezno (Gnesen) aus dem 12. Jahrhundert befindet sich auch ein Wolf, der der Beute nachjagt. Illustrationen und Malerei zum Thema Jagd waren bis zum 19. Jahrhundert sehr selten. Danach trat ein üppiges Aufblühen ein. Früchte trug auch eine Reihe von Werken der Malerei, auf denen wir Wölfe finden, zum Beispiel „Der Überfall der Wölfe“ von JOZEF BRANDT, „Elch und Wolf im Winterwald“ von JULIAN FALAT, „Auf der Flucht vor Wölfen zu Pferde“ von WOYCIECH KOSSAK. Besondere Erwähnung verdient ALFRED WIERUSZ-KOWALSKI, der unter anderem schöne Winterlandschaften mit Wölfen malte. Sehr oft wurden auch über einen Schlitten herfallende Wölfe als Thema benutzt. Positiv erscheint der Wolf bei der Warschauer Bildhauerin DOMICELLA BOZEKOWSKA (Abb. 8.2).

8.3 Mythen und Legenden

Die Angst vor dem Wolf, seine Identifizierung mit dem Bösen sowie der Haß weckten die aufkommende menschliche Phantasie – von dort stammt auch der reiche Volksglauben sowie Legenden und Mythen, die den Wolf betreffen. Der Charakter dieses Buches erlaubt jedoch nur eine kurze Beschreibung der wichtigsten Legenden, Mythen, Vorstellungen.

Werwölfe Die Legende von den Werwölfen, das heißt von Menschen, die sich in „Wolfs-Vampire“ verwandeln, die das Blut ihrer Opfer lecken, ist fast universal. Römische Historiker, z. B. Herodot, beschreiben ferne, schreckliche Märchenländer, wo Menschen ihre Mitbewohner ab und zu in Wölfe verwandelten. Der Volksglaube an diese Vorstellungen war allgemein unter den Völkern Europas und Asiens beinahe bis in unsere Zeit verbreitet. In der griechischen Mythologie finden wir die Geschichte von Laokoon und seinen Söhnen, die der Zorn von Zeus in Wölfe verwandelte. Im Mittelalter hat man Menschen in Deutschland und Frankreich auf dem Scheiterhaufen unter dem Vorwurf des Werwolfes und den damit verbundenen Verbrechen verbrannt. Gegenwärtig wird das Motiv der Werwölfe häufig in Gruselfilmen verwendet, wodurch der „böse“ Wolf immer wieder in das Bewußtsein des Menschen rückt.

Aufzucht von Menschenkindern durch Wölfe Gewissermaßen als gegensätzlicher Renner, das vorherige gruselige Bild vom Wolf zu mildern, ist

Abb. 8.3:
Romulus und Remus, die Gründer Roms, wurden der Sage nach von einer Wölfin genährt (Foto: D. LANGWALD).

der Glaube an von ihren Eltern verlassene Kinder, die durch Wölfe aufgezogen wurden. Jedem ist wohl der Mythos von Remus und Romulus bekannt, von Kindern des Mars, die auf dem Capitol-Hügel im Stich gelassen und von einer Wölfin mit ihrer Milch genährt wurden (Abb. 8.3). Dieser Mythos über die Gründer Roms drang zusammen mit der römischen Kultur in das Bewußtsein vieler Völker ein.

Auch in der Türkei erzählt die Geschichte, daß etwa 2 000 bis 3 000 Jahre vor Chr. das türkische Volk bis auf einen Jungen namens Tarkan ausgerottet war. Eine Wölfin säugte ihn und zog ihn auf. Er wurde zum Begründer des türkischen Volkes (mündliche Überlieferung, D. LANGWALD).

Aus den 20er Jahren unseres Jahrhunderts sind Berichte bekannt, daß zwei indische Mädchen, genannt Amala und Kamala, in einer Wolfshöhle gefunden wurden. Sie waren angeblich wie Wölfe erzogen: heulten, aßen rohes Fleisch, liebten die Dunkelheit, hatten schwache Sehkraft, aber ausgezeichneten Gehör- und Geruchssinn. Vielfach wurde diese Begebenheit als Beweis zur Unterstützung anderer bildhafter Geschichten über durch Wölfe aufgezogene Kinder interpretiert. Peinlich genaue Untersuchungen ergaben jedoch Zweifel an der Wahrhaftigkeit dieses Falles.

Ernsthafte wissenschaftliche Literatur distanziert sich von der Möglichkeit der Aufzucht von Menschen durch Wölfe.

Nutzung in der früheren Medizin Früher wurden in der Medizin Organe und andere Substanzen vieler Tiere genutzt. Auch der Wolf lieferte wertvolle Arzneien. Schon der berühmte JAKOB HAUR schrieb in der „Gutsbesitzerökonomie", 1675, daß getrocknetes Wolfsherz, zu Pulver fein zerstampft, und nach und nach in Bier getrunken, jede Krankheit bedeutend lindere. Wolfsfett wärme, wenn man zuvor trockene Venen mit ihm einschmierend benetzt. Stechen in Gliedmaßen, in den Knochen und im Schienbein, Rheuma und Reißen würden wirksam gelindert. Zu Alkohol gewordenes destilliertes Wolfsblut sei für Menschen, die Blut spucken, überaus nützlich und heilsam. Heutzutage distanziert sich natürlich die Medizin von derlei „Heilmitteln".

8.4 Zu Angriffen gegenüber Menschen

Dieses Problem ist wohl das wichtigste im dunklen Bild des Wolfs im Bewußtsein des Menschen. Deshalb ist es erforderlich, es etwas ausführlicher zu behandeln. Denn geläufige Meinungen oder unkritisch wiederholte Berichte, die zum großen Teil Produkte der Phantasie sind, müssen von Fakten unterschieden werden.

In alten Chroniken findet man Aufzeichnungen über Hunderte von Wolfsopfern. Nach Angaben von B. ŚWIĘTORZECKI (1926) haben Wölfe in den Jahren 1870 bis 1887 in 49 Gouvernements des europäischen Teils von Rußland angeblich 1445 Menschen zu Tode gebissen. Verwaltungsdokumente des Großfürstentums Posen (Poznań) vom Anfang des 19. Jahrhunderts sprechen von mehreren Dutzend Menschen, die durch Wölfe getötet worden sein sollen (KRAWCZAK, 1969). Die polnische Presse veröffentlichte zwischen den Weltkriegen Artikel von KRESÓW, die dramatische Beschreibungen von Wolfsüberfällen auf Menschen und sogar von regelrechten Scharmützeln, die polnische Grenzwachen angeblich mit Wolfsrudeln von mehreren Dutzend Mitgliedern ausgetragen haben, zum Inhalt hatten.

Diese Meldungen muß man mit großer Zurückhaltung betrachten!

Mit Sicherheit konnten sich in der Vergangenheit, als der Wolf in den Wäldern noch „König" war, Zufallsattacken auf den Menschen öfter ereignen. Durch oft geführte Kriege, die den Wölfen Nahrung in Gestalt von nicht beigesetzten Leichen lieferten, begünstigte der Mensch diese Situation selbst.

Nicht zu erschütternde Meldungen über Aggressionen von Wölfen gegenüber Menschen sind sehr selten. Solche Überfälle sind in der Regel von tollwütigen Wölfen verursacht worden, dagegen nur sporadisch von gesunden Tieren. Es scheint, daß Zufallsüberfälle auf den Menschen bedeutend häufiger in Eurasien geschehen sind. Darüber sind noch bis zum Ende des vergangenen Jahrhunderts aus Finnland und Schweden Angaben gemacht worden und gegenwärtig aus der Türkei.

Zur Situation in der früheren UdSSR widmet PAVLOV (1990) in dem kürzlich erschienenen Buch „Wilk" ein ganz großes Kapitel der Gefahr, die Wölfe für den Menschen bilden können. Er weist die allgemeine Meinung zurück, daß Menschen ausschließlich von tollwütigen Wölfen angefallen würden oder eventuell von alten, fast zahnlosen oder kranken Individuen, und das nur im Winter, wenn sie der Hunger quält. Er stellt eine Reihe Angaben vor, daß Wölfe im Umkreis von Kirow in den Jahren 1944 bis 1953 Dutzende von Kindern attackierten, von denen sich 10 bis 20 nicht retten konnten. Erst organisierte Aktionen führten zur Ausrottung der Wölfe und dem Ende der Überfälle auf Menschen. Der Autor nimmt an, daß sich in manchen Rudeln einzelne besonders aggressive Individuen befänden, die in sicheren Situationen Menschen anfallen. Nach ersten gelungenen Attacken würden sie den Menschen als eine leichte Beute erkennen, ihn nicht fürchten und sich gewissermaßen auf das Töten von Menschen spezialisieren. Das seien keine Wölfe, die irgendwie geschädigt oder krank sind, sondern große und gesunde Tiere, die den Menschen auch im Sommer anfallen. Folglich sei der Wolf überall dort potentiell gefährlich, wo Wölfe mit hoher Aggressivität, bei hoher Besatzdichte und wenig Beutetieren auftreten.

Es ist sehr schwer, diese Ansichten zu widerlegen, wenn man nicht die Möglichkeit hat, die Angaben, auf die sie angeblich gestützt sind, zu überprüfen. Angenommen, diese Begebenheiten haben wirklich stattgefunden, würde es sich lohnen, über andere Möglichkeiten ihrer Erklärung nachzudenken.

In vielen Teilen Rußlands wurde festgestellt, daß dort Mischlinge von Wölfen und Hunden wild leben. Diese sind in der Regel viel gefährlicher, weil weniger menschenscheu. Vermutlich sind es gerade diese Mischlinge, die Menschen attackieren.

Wir besitzen keine Informationen über Angriffe von Wölfen auf Menschen in Deutschland und Polen nach dem 2. Weltkrieg, obwohl allen glaubwürdigen Beschreibungen über aggressives Verhalten von Wölfen in der Wildbahn gegen den Menschen nachgegangen wurde. Es zeigte sich, daß die Mehrheit davon mit dem Eindringen der Menschen in die empfindsame Zone um die Wolfshöhle oder auch in den Ruheplatz der Wölfe mit Jungen erklärt werden konnte.

In Nordamerika sind einige wenige Fälle von Wolfs-Angriffen auf Menschen in diesem Jahrhundert bekannt geworden. Unter anderem gab es die Attacke auf Teilnehmer der kanadischen Arktis-Expedition (JENNESS, 1985), auf einen Eisenbahnarbeiter (PETERSON, 1947) und auf einen Waldarbeiter, der gezwungen war, auf einen Baum zu flüchten (THOMPA, 1983). Die Ursache für diese Angriffe der Wölfe ist nicht bekannt. Eine Ausnahme scheint einer der letzten Zwischenfälle zu sein, und zwar die Attacke von zwei Wölfen auf drei kanadische Biologen. Nach ihrer eigenen Meinung hat sich die Situation sehr wahrscheinlich durch ihr unbewußtes Eindringen in die Geburtsregion in unmittelbarer Nähe der Höhle ergeben und die Wölfe wollten sie nur vertreiben (SCOTT et al., 1985).

8.5 Sprichwörter und Redewendungen

Die den Wolf betreffende Symbolik ist sehr reichhaltig (KOPALINSKI, 1990). Im Laufe der Geschichte entstanden viele allgemein angewendete, auf

Wolfsmotive gestützte Redewendungen und Sprichwörter. Ein Teil davon ist schon vergessen oder wenig bekannt, andere sind immer noch populär. „Das neue Buch der polnischen Sprichwörter" unter der Redaktion von S. KRZYZANOWSKI (1972) enthält unter dem Stichwort „Wolf" 164 Positionen. Interessierte Leser werden auf diese Ausarbeitung verwiesen. Hier werden nur die bekanntesten erwähnt:
(Anmerkung des Übersetzers: Es folgt die Wiedergabe der angeführten Sprichwörter in möglichst wörtlicher Übersetzung)

1) Der Mensch ist des Menschen Wolf.
2) Mit der Zeit wird der Wolf die Schafe erwürgen.
3) Wenn der Wolf alt wird, rupft auch ihn die Krähe.
4) Wie der Wolf der Mücke helfen wird, so wird auch eine Mücke ein Pferd überwältigen.
5) Wer sich vor dem Wolf fürchtet, sollte nicht in den Wald gehen.
6) Seine Veranlagung zieht den Wolf in den Wald.
7) Der Wolf ist nicht so schrecklich, wie man ihn malt.
8) Rufe den Wolf nicht aus dem Wald.
9) Lange hat der Wolf gejagt, nun wurde auch er erwischt.
10) Wird vom Wolf gesprochen, so ist er nicht weit.
11) Solange die Welt besteht, wird der Wolf den Schafen kein Bruder sein.
12) Es ist schwer, mit dem Wolf zu pflügen.
13) Wolfsappetit.
14) Blicken wie ein Wolf.
15) Ist der Wolf satt, bleibt das Schaf unversehrt.
16) Der Wolf im Schafspelz.

(Anmerkung des Übersetzers: Wie man sieht, gibt es polnische Sprichwörter, die in wörtlicher Übersetzung auch im Deutschen mit gleichem Sinngehalt vorhanden sind. Daneben gibt es aber auch Sprichwörter, die wörtlich übersetzt nur schwer und unvollkommen einen sprichwörtlichen Sinn in der deutschen Sprache ergeben. Sicher fällt es Polen wie Deutschen schwer, den Sinn von veralteten Redensarten zu verstehen, die auf der Grundlage von jetzt nicht mehr vorhandenen oder stark veränderten Lebensumständen entstanden sind wie z. B. Nr. 12: Vermutlich gibt es zu den meisten wiedergegebenen Sprichwörtern deutsche Entsprechungen, z. B. passen zu Nr. 3 und Nr. 9: „Alles hat einmal ein Ende" oder etwa zu Nr. 6: „Der Wolf ändert wohl sein Haar, aber er bleibt, wie er war" und „Der Bär schnappt stets nach Honig". Ein drittes Beispiel, sinnverwandt zu Nr. 8 und Nr. 10 sind im Deutschen: „Schlafende Hunde sollte man nicht wecken" oder: „Mal den Teufel nicht an die Wand". „Blicken wie ein Wolf" (Nr. 14) entspricht dem deutschen „Scheel ansehen".
Allgemein kann man wohl davon ausgehen, daß sich in vergangener Zeit in Ländern, in denen der Wolf verstärkt präsent war, gleichartige Redensarten und Sprichwörter entwickelt haben, die jetzt gemeinsam vorhanden sind, nicht nur in Polen und Deutschland.)

Sprichwörter über den Wolf in der deutschen Literatur
(Ergänzende Zusammenstellung der Bearbeiterin)
Quellen:

1) Berg, C.H.E. (1975): Pirschgang im Dickicht der Jagd- und Forstgeschichte. Leipzig.
- Hündlein muß nicht mit dem Wolf anbinden.
- Zu Hundefleisch gehört Wolfsbrühe.
- Die Eul liebt nicht den Tag und der Wolf liebt nicht den Hund.
- Wenn man den Wolf nennt, kommt er gerennt.
- Er ist ein alter Isegrim (Name des Wolfs in der Fabel).
- Bliebe der Wolf im Walde, so würde er nicht beschrien.
- Wer des Wolfes schont, gefährdet die Schafe.
- Was unter der Herde ist, schont der Wolf nicht.
- Der Hunger treibt den Wolf aus dem Busche.
- Der Hunger treibt den Wolf über Schnee und Eis.
- Wenn der Hunger bekommt Gewalt, treibt er den Wolf aus dem Wald.
- Ein Wolf kennt den andern wohl.
- „Wolfshunger" ist sprichwörtlich.
- Was ein Wolf gebissen, oder ein Pfaff, das heilt hart.
- Bei Wölfen und Eulen lernt man das Heulen.
- Wer unter den Wölfen ist, muß mit ihnen heulen.
- Wölff und Füchs seynd wohlfeil zu Hoffe.
- Mancher läuft vor dem Fuchs und wird vom Wolf gepackt.
- Unter Freundes schein wird mancher über das Fuchsbrett geruckt und inn ein Wolffes Grub gefället.

2) Rehbein, D. (1985) ed.: Jeder Vogel singt mit seinem Schnabel. Nordeuropäische Spruchweisheiten. Rostock.
- Der Wolf wechselt das Fell, aber nicht den Sinn.
- Wenn der Hirt und der Wolf eins sind, ist die Herde verloren.
- Wenn der Wolf kommt, vergessen die Hunde zu beißen.
- Barmherzigkeit gegen den Wolf ist Unrecht gegen die Schafe.
- Wo man einen Wolf sieht, hat man mehrere zu erwarten.

3) Tenzler, G. (1987) ed.: Katzen-, Hunde- und Pferdesprüche. Berlin.
- Es wird nimmer lassen der Wolf vom Fassen, der Hund von Katzen, die Katze von Ratzen, der Fuchs von Stehlen, der Teufel von Seelen.
- Ein Hund, der mit den Wölfen geht, wird unter den Wölfen erschlagen.
- Jeder treibt, was er kann, die Hunde bellen, die Wölfe heulen, und die Mönche lügen.
- Wo Hund und Wolf sich verbinden, da helfe Gott der Herde.
- Man muß den Hund nicht füttern, wenn der Wolf schon im Dorfe ist.

Der Wolf in Gefangenschaft und der Schutz des Wolfes

Kapitel 9

9.1 Der Wolf in Gefangenschaft

Der freilebende Wolf versetzte durch Jahrhunderte die Menschen in Schrecken, erweckte Angst und Haß. Der Wolf in Gefangenschaft, hinter den Gittern eines Käfigs, kitzelte den Mut des Menschen, der sich dann ungefährdet auch als Herr dieser „blutrünstigen Bestien" fühlte. Das könnten auch die ersten Motivationen für das Fangen von Wölfen für Menagerien, Tiergärten und Zoos gewesen sein. Mit der Zeit entwickelte sich der Aspekt der Haltung von Wölfen in Gefangenschaft aus Gründen des Erkenntnisgewinns. Man entdeckte, daß damit eine einmalige Gelegenheit zur Durchführung von Beobachtungen und Untersuchungen der Wölfe, ihrer Entwicklung und ihres Verhaltens gegeben war. So entstanden klassische Arbeiten aus diesen Bereichen (SCHENKEL, 1947; SCHÖNBERNER, 1965; ALTMANN, 1987; ZIMEN, 1978).

In Polen hält man die Wölfe in den meisten Zoos z. B. in Warszawa (Warschau), Kraków (Krakau), Gdańsk (Danzig) und Wrocław (Breslau). Aber leider werden da wenig wissenschaftliche Untersuchungen an Wölfen durchgeführt. Eine Ausnahme bildet der Warschauer Zoo. Von dort stammen interessante Wolfsbeobachtungen, die in zwei Büchern von K. CHWEDEŃCZUK veröffentlicht sind: „Hund oder Wolf" (poln.), 1987, und „Hunde und Hundeartige" (poln.), 1990.

In Nordamerika erfreuen sich sogenannte Wolfparks großer Popularität. Einer der berühmtesten („Wolfsheiligtum") befindet sich im Staate Montana, USA. Die Wölfe halten sich dort unter halbnatürlichen Bedingungen in großen umzäunten Gehegen auf. Rundherum sind Türme und Punkte zur bequemen Beobachtung der Tiere angeordnet. Die Wölfe sind gezähmt oder zumindest an die Gegenwart des Menschen gewöhnt, führen aber ihr natürliches Leben: Werfen, ziehen Junge auf und unterhalten soziale Bindungen. Alles das geschieht unter den Augen der Besucher, die auf diese Weise das Leben der Wölfe kennenlernen. Darüber hinaus führt man dort Untersuchungen an bedrohten Unterarten sowie am Verhalten der Wölfe durch.

Die sprichwörtliche Wildheit des Wolfes und gleichzeitig die nahe Bindung des Menschen zum Hund haben bewirkt, daß vielfältige Versuche zur Zähmung von Wölfen unternommen wurden. Die Chancen der Zähmung sind groß, wenn die Arbeit mit den Wölfen bis zum 2. Lebensmonat begonnen wird. Selten gelingt die Zähmung allerdings auch mit älteren Welpen. Aber viele von ihnen werden mit dem Alter unberechenbar und schwierig im Umgang mit den Menschen. Die Welpen verlangen viel Zeit für Pflege und Einfühlung, damit sich dauerhafte Bindungen zum Menschen anbahnen

können. Denn Wolfseltern und die in der Gruppe verbliebenen älteren Geschwister beschäftigen sich stundenlang mit den Jungen.
Bei verschiedenen Wölfen kann aber ein sehr unterschiedlicher Grad der Zahmheit erreicht werden. Das Ergebnis hängt nicht nur davon ab, daß jedes Individuum eine unterschiedliche Persönlichkeit ist, sondern auch von der unterschiedlichen Art und Weise der Erziehung der Wölfe durch ihre Betreuer. Wenn jedoch der Welpe entsprechend behandelt und mit großer Fürsorge umgeben wird, wird er sehr freundschaftlich, zärtlich und zeigt große Verbundenheit zu seinem Pfleger. Nie jedoch wird er zahm wie ein Haushund!
In Nordamerika und Westeuropa ist in letzter Zeit die Mode ausgebrochen, einen gezähmten Wolf besitzen zu müssen. Viele Leute betrachten das als Extravaganz, mit der sie anderen imponieren wollen. Es gibt auch Menschen, die in redlicher Absicht handeln. Sie wollen den Wolf kennenlernen und das Verhältnis anderer Menschen zu den Wölfen verbessern. Es scheint jedoch, daß unabhängig von den Motiven, diese Handlungsweisen nur die Besitzer der Wölfe selbst beglücken, weniger die durch sie gehaltenen Tiere. Weil das angemessenste Biotop der Wölfe die Wildbahn ist, sollten Menschen, denen wirklich am Wohl dieser Tierart gelegen ist, eher die Schaffung einer den Wölfen entsprechenden natürlichen Umwelt unterstützen.
Ganz falsch ist die Meinung, daß durch Verpaarung mit einem Wolf der Hund schärfer wird. Ganz im Gegenteil! Infolge des an Wald und Wildbahn angepaßten Charakters des Wolfes und seiner angeborenen Menschenscheu wird ein Hybride aus Wolf und Hund einerseits ängstlicher und zurückhaltender als der seit Jahrtausenden für die Belange des Menschen gezüchtete Haushund. Andererseits wird der Mischling für den Menschen unberechenbarer und auch gefährlicher, denn seine Furcht vor dem Menschen ist geringer geworden. Deshalb kann es beim Zusammentreffen mit dem Menschen eher zu Konflikten kommen.

9.2 Der Schutz des Wolfes

Das Verhältnis des Menschen zu großen Beutegreifern hat sich in letzter Zeit geändert. Je näher sie dem Menschen stehen und je mehr über ihre Rolle in der Natur bekannt ist, desto eher ist er geneigt, sie zu tolerieren oder sogar zu schützen. Unverständlicherweise trifft das aber selten auf den Wolf zu. Noch heutzutage, am Ende des 20. Jahrhunderts, da bekannt ist, wie viele Arten wir durch Ausrottung verloren haben und die Notwendigkeit des Schutzes der noch vorhandenen einsehen, wird der Wolf in vielen Ländern weiterhin verfolgt.
Zur Seltenheit gehörten Stimmen, die den Schutz des Wolfes hervorhoben oder wenigstens die Einstellung seiner Verfolgung verlangten. Einer der ersten in Polen war Bolesław Świętorzecki, der in seiner Monographie über den Wolf 1926 schrieb: „Der Wolf verleiht dem Wald einen eigenen Reiz, auch wenn er in den Augen der Bevölkerung eine Gefahr darstellt. Womöglich ver-

lieren unsere Wälder vollends den Heiligenschein früherer Urwälder, wenn das letzte dieser Raubtiere gefallen ist." Es hat nicht viel gefehlt, daß sich diese Worte in Polen erfüllt hätten. Denn als Ergebnis von Wolfsausrottungsaktionen während mehrerer Jahre war ihre Anzahl Anfang der 70er Jahre auf weniger als hundert gefallen. Aufgrund der immer häufigeren Stimmen, die die Einstellung der Wolfsverfolgung forderten, wurde der Wolf Ende 1975 ins Jagdgesetz aufgenommen und als jagdbare Art anerkannt. Besondere Verdienste hat sich Dr. PIOTR SUMIŃSKI erworben. Er war lange Zeit ein unermüdlicher Fürsprecher des Wolfsschutzes.

Doch auch durch das Gesetz war der Wolf nicht geschützt. Er wurde weiterhin durch Jäger gnadenlos verfolgt: durch das Einsetzen des gesamten Wolfsbestandes eines Gebietes in den Abschußplan, was offiziell nachgewiesen wurde (BRZEZINSKI, 1991), das Ausstellen von Abschußgenehmigungen ohne Begrenzung, die Überschreitung des Abschußplanes, der außerplanmäßige Abschuß und die erlaubte ungewöhnlich lange Jagdperiode bis zu acht Monaten.

Nicht genug, daß die offizielle Jagdpolitik bestrebt ist, die Anzahl der Wölfe zu begrenzen, auch der Druck einzelner Jäger auf die Population der Wölfe ist noch gewaltig. Denn der Wolf ist ein emotional geladenes Objekt der Jägerei, außerdem selten zu erjagen. Fell und Schädel sind Prestige-Trophäen, und ihr Preis auf dem freien Markt ist gleichwertig mit einigen Monatsgehältern. Der Schutz des Wolfes wird deshalb in Polen immer mehr ein aktuelles Problem, auch wenn die Jagdwirtschaft den Wolf als nichtmaßgebenden unpopulären Faktor übergeht.

In den USA und in Kanada, wo die Anzahl der Wölfe zum Teil noch sehr hoch ist, hat man längst Aktionen gestartet, um sie vor der Vernichtung zu retten. Es wurden die Ergebnisse von wissenschaftlichen Untersuchungen in Propaganda-Aktionen benutzt, um das falsche Bild vom Wolf zu korrigieren. In zahlreichen Publikationen, Radio- und Fernsehsendungen wird die wahre Natur dieses Tieres dargestellt. Es wurden auch spezielle Erziehungsprogramme für Schulen erarbeitet und eingeführt. Und es wurden öffentliche Diskussionen geführt. Die wachsende Unterstützung der Kampagne zum Schutze der Wölfe bewirkte, daß man viele Organisationen, unterstützt von privaten Fonds, gründete mit dem Ziel, diese Aktionen fortzusetzen. Erzieherisch-wissenschaftlichen Charakter haben die schon erwähnten „Wolfparks", z. B. der von ERICH KLINGHAMMER in Battle Ground Indiana, USA. Eine touristische Attraktion in Kanada sind in der Provinz Ontario die „Wolfs-Heul-Nächte": Expeditionen zum Algonquin-Nationalpark, wo man sozusagen „hautnah" auf von Menschen imitiertes Wolfsgeheul wildlebende Wölfe heulen hören kann.

Auch in Europa ist die breite Erziehung der Gesellschaft in Aktionen, die den Schutz des Wolfes zum Ziel haben, eine grundlegende Aufgabe, insbesondere in den Kreisen, die mit dem Jagdwesen verbunden sind. Nicht weniger wichtig ist die intensive Forschungsarbeit an dieser Tierart und ihrem Einfluß auf die Populationen von Hirsch, Reh und Wildschwein. Dies alles sollte auf die Jagdpolitik einen wachsenden Druck ausüben und ihre positive Veränderung zur Folge haben.

Aufgrund dieser Initiativen vieler Wolfsfreunde und Wissenschaftler wird seit 1995 der Wolf fast in ganz Polen geschützt. 1996 wird er nur noch in der Provinz Krosno gejagt.
In Deutschland darf der Wolf nicht gejagt werden. Er steht unter Schutz. Seit 1994 wird er in der Bundesartenschutzverordnung als eine vom Aussterben bedrohte Tierart geführt. Neben vielen staatlichen und privaten Aktivitäten setzt sich ganz besonders die „Gesellschaft zum Schutz der Wölfe e. V." für diese Tierart ein.

Nachwort

Die Wolfs-Situation in Deutschland

Die Wölfe, die vereinzelt in den deutschen Wäldern angetroffen wurden, sind höchstwahrscheinlich aus Polen zugewandert. Mit der Ausbreitung der Wolfspopulation in unserem Nachbarland ist für Deutschland die Hoffnung berechtigt, daß auch bei uns Wolfsrudel wieder heimisch werden.
Auf deutschem Gebiet wurden unseres Wissens seit ungefähr 150 Jahren keine wildlebenden Wölfe mehr aufgezogen. Die Entwicklung der Landwirtschaft nach dem Mittelalter führte dazu, daß dem Wolf durch Waldrodungen mehr und mehr die Existenzgrundlage eingeschränkt oder endlich sogar genommen wurde.
Durch die geschmolzenen Waldkomplexe reduzierte sich das Wild, und so war der Wolf gezwungen, sich neue Beutetiere zu suchen. Diese fand er in den Haus- und Nutztieren. Nun war er nicht mehr nur Nahrungskonkurrent, sondern wurde zum Feind, der die Existenz der Bauern gefährdete. Zugleich begann sich ein mehr oder weniger bewußt gesteuerter Aberglaube zu entwickeln, nach dem der Wolf das Böse schlechthin verkörperte. Damit wurde von den wirklichen Bedrohungen der Bevölkerung wie Krankheiten, Hunger und Erfrierungen des Viehs und hohe Abgaben an die Landesherren abgelenkt. Aus der Verehrung des Wolfes als Götterbegleiter wurden Wut und Haß.
Über Angriffe von wilden Wölfen auf Menschen existieren jedoch keine gesicherten Überlieferungen. Auf jeden Fall sind sie über die letzten hundert Jahre in Europa nicht nachzuweisen. Noch bis heute gibt es auch in Nordamerika keinen verbürgten Fall, daß ein gesunder, wilder Wolf einen Menschen getötet hätte.
Trotzdem begannen die Menschen, den Wolf mit allen Mitteln, zu denen sie imstande waren, zu bekämpfen (BUTZECK, 1988).
Zahlenmäßiger Anstieg von Wölfen wurde immer nach großen Kriegen registriert. Ursachen dafür sind vermutlich seltenere oder keine Jagden, ungestörtere Wälder, dadurch Anstieg der Wildhuftierpopulationen und auch die mit menschlichen Leichen überfüllten „Schlachtfelder“ Nach dem Dreißigjährigen Krieg wurden nicht nur Wolfsjagden veranstaltet, sondern es wurden noch weitere Aktionen wie Giftauslegen sowie das Anlegen von „Wolfsgärten“ und Wolfsgruben durchgeführt. Außerdem gab es Belohnungen für das Töten eines Wolfes. Nach einer Verfügung von 1817 wurden folgende Prämien für getötete Wölfe gezahlt: 12 Taler für ein altes Weibchen, 10 Taler für ein altes Männchen, 8 Taler für ein junges Männchen, 4 Taler für einen Welpen oder Fötus.

Abb. 10.1
Lebensräume und Migrationswege des Wolfes in Mitteleuropa (frei nach ORTHWEIN, 1982)

Kernlebensräume:
Abundanz 1 St./100 km²
Abundanz 1 St./200 km²
biologische Grenze des Vorkommens
Grenze des Großraums
Migrationswege

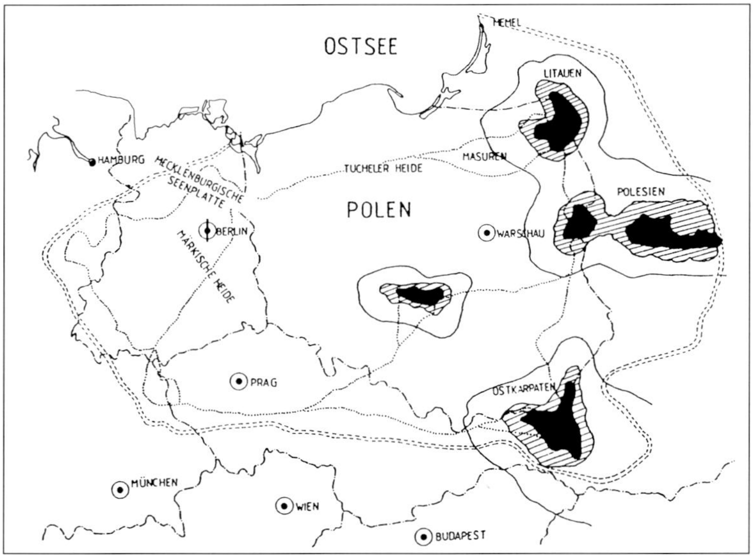

Regelmäßige Wolfsjagden fanden bis ins 18. Jahrhundert statt. Die Beteiligung daran war für einen großen Teil der Bevölkerung Pflicht. Spezielle Wolfsjäger erhielten sogenannte Wolfspässe. Zu Beginn des 19. Jahrhunderts waren Wölfe bereits so selten, daß oft aus Sensationslust Hunde als Wölfe herhalten mußten. Ganz Ähnliches erlebt man ja auch heutzutage.
Seit 1750 soll es auf dem Gebiet des heutigen Landes Brandenburg keine Rudel mit Jungen mehr gegeben haben. Nach 1780 waren in der Schorfheide keine Welpen mehr erlegt worden (SUTER, 1994), was darauf hinweist, daß keine festen Wolfspopulationen mehr existierten. Auf dem Gebiet der Schorfheide hat man seit der letzten großen Wolfsjagd am 15.3.1782 bis 1809 keinen Wolf mehr gesehen. Erst 1823 wird die Erlegung einer Wölfin bei Strausberg berichtet.
In Sachsen-Anhalt lebten bis vor etwa 300 Jahren Wolfsfamilien. Die letzte Erlegung eines Wolfes im Harz wird vom Jahre 1798 gemeldet (NITSCHE, 1994).
Erst 1918 kam das in Groß Schönebeck eingelagerte „Wolfszeug" (Fangnetze und Lappen) unter den Hammer (SUTER, 1994).
Obwohl der wildlebende Wolf in Deutschland ausgestorben war, wurde er doch nicht von den Menschen vergessen. Durch die Märchen, in denen er allerdings meistens nicht gut davonkommt, und durch die Haltung in zoologischen Gärten hat er sich weiterhin Freunde und Feinde erhalten. Es waren auch seine Freunde aus den Zoos und Tierparks, die durch Veröffentlichungen zum Wissen über dieses interessante Tier beitrugen. Noch bis heute haben diese Fakten Gültigkeit. Es ist vor allem der Haltung von Wolfsrudeln in Menschenobhut zu verdanken, daß wir soviel über Ausdrucksverhalten (SCHENKEL, 1947), über Aufzucht der jungen Wölfe im Rudel (SCHÖNBERNER, 1965), Familienleben (ZIMEN, 1978), Rudeldynamik (ALTMANN, 1986), und Mensch-Wolf-Beziehungen (FREUND, 1988) erfahren haben.

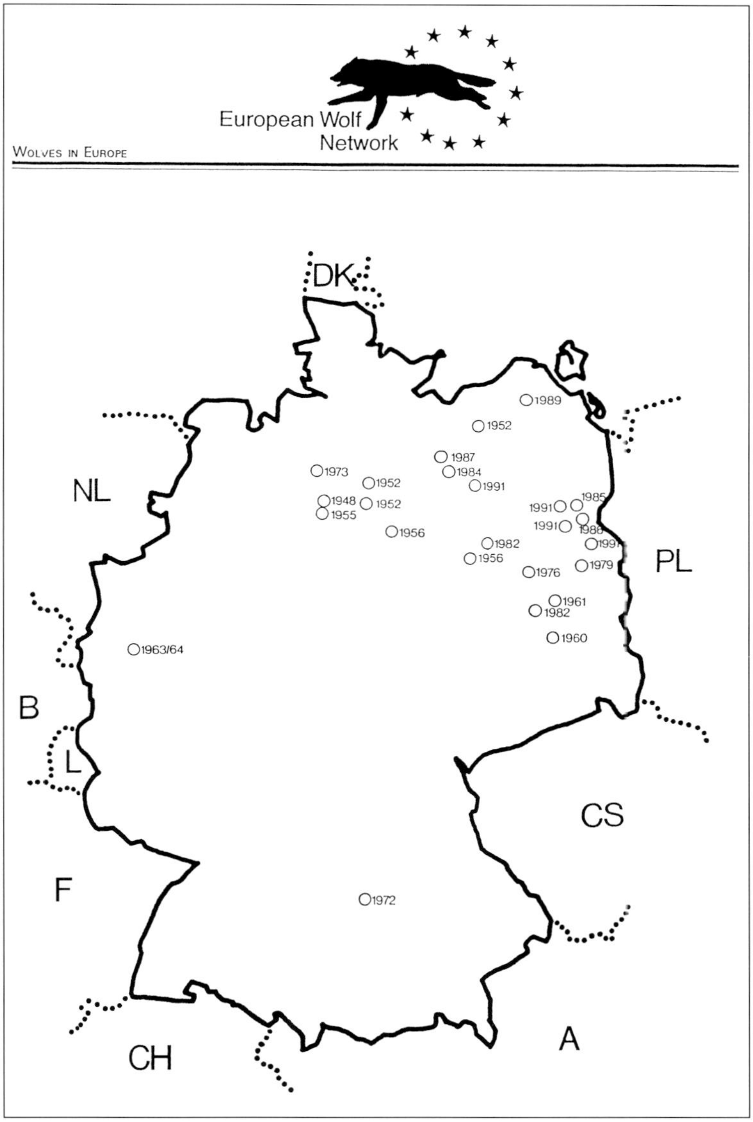

Abb. 10.2
Wolfsabschüsse in Deutschland (aus PROMBERGER u. a., 1992)

Seit sich der Wolf im östlichen Nachbarland Polen wieder vermehrt hat und sich immer mehr nach Westen hin ausbreitet, kommen auch die deutschen Waldgebiete als Heimstatt für den Wolf in Frage. Immer hat es vereinzelt wilde Wölfe bei uns gegeben (Abb. 10.2). In der ehemaligen DDR unterlagen sie keinem Schutz und wurden geschossen. Es war sträflich zu fordern, daß sie in unseren Wäldern heimisch sein sollten! Erstaunlich und mutig war deshalb auch, als nach einer Zeitungsschlacht für und gegen den Wolf in der DDR am 29. September 1989 in der „Volksbühne“ im damaligen Ost-Berlin ein Stück mit dem Titel „Zeit der Wölfe“ (nach AITMATOWS „Richtstatt“) aufgeführt wurde (PLENZDORF, 1989).

Noch immer aber findet der Wolf keine Gnade bei so manchem Jäger:
Erlegte Wölfe in Deutschland in letzter Zeit:

1991: 1. Mai: im Landkreis Bernau
3. Mai: bei Gransee
17. Mai: bei Perleberg
24. Mai: bei Strausberg

1993: 23. August: bei Bernau wird auf der Autobahn ein Wolf überfahren und getötet

1994: 22. Juli: in Gardenitz bei Templin ein Männchen getötet
7. Dezember: bei Zwiesel, Bayrischer Wald, von Zug angefahrener Wolf wird erschossen.

1995: 1. April: Wolf in der Eifel erschossen.

Immer wieder wird auch von Wolfssichtungen berichtet, wobei aber wahrscheinlich so mancher Schäferhund als Wolf angesehen wurde. Nicht jedoch in folgendem Bericht: Ganz aufgeregt erhielt ich an einem stürmischen Novembersonntag 1993 einen Telefonanruf aus der Schorfheide: Eben wurde ein schlafender (!) Wolf in einer Wildschweinkuhle angetroffen. Dieser schlief so fest, daß er mehrere Minuten beobachtet werden konnte. Nach mehrmaligem absichtlichem Knacken eines Astes wachte er auf, blickte um sich und schlich sich dann langsam davon. Es schien ein mittelgroßer Rüde zu sein. Er wurde nie wieder gesehen. Am 13.4.1994 wurde in Hessen ein Wolf gesichtet und von den örtlichen Behörden trotz Artenschutzgesetz zum Abschuß freigegeben, was aber auf Grund von Protesten aus der Bevölkerung zurückgenommen wurde. Hier wurde besonders die neu gegründete deutsche „Gesellschaft zum Schutz der Wölfe e. V." aktiv.

In den letzten Jahren war der Wolf häufiger im Gespräch als in den Wäldern Deutschlands. Es entstand eine regelrechte Kampagne für und gegen den Wolf. Auf die Frage eines Reporters, wie er sich verhalten soll, wenn er doch einen Wolf im Wald trifft, habe ich ihm gesagt: „Gar nicht – der Wolf verhält sich schon! und zwar so, daß Sie ihn entweder nicht bemerken oder daß er sich so schnell wie möglich davonschleicht." Das trifft natürlich nicht auf tollwütige Tiere (jeder Art) zu.

Man sprach schon vom „Problemtier" Wolf, obwohl es noch gar keine Probleme gab, ja es war ja nicht einmal sicher, ob überhaupt auch nur ein einziges Rudel existierte. In den Zeitungen wurde noch nie so viel über Wölfe in Brandenburg geschrieben wie Anfang der 90er Jahre. Es gab Fernseh- und Rundfunksendungen über die Möglichkeit seines Auftretens und was man tun soll. Vor allem die Schafzüchter waren – und sind vielleicht noch – in Sorge. Ihnen würden aber ihre Verluste, wenn sie erwiesenermaßen vom Wolf herstammen, ersetzt. Das führte dazu, daß im Land Brandenburg für das Ministerium für Umwelt, Naturschutz und Raumordnung unter Leitung von C. Promberger und A. Hofer ein Managementplan für Wölfe erarbeitet wurde („unsere Jagd", 12, 1993). Bis zum Frühjahr 1996 gab es jedoch noch nichts zu „managen".

Es kann heute davon ausgegangen werden, daß in Deutschland zur Zeit keine standorttreuen, wilden Wolfsrudel leben, sondern daß nur einzelne Individuen auf ihrer Wanderung von Polen oder der Slowakei die deutschen

Wälder streifen. Die Landschaft nördlich und östlich von Berlin, die Länder Brandenburg und Mecklenburg-Vorpommern, bieten optimale Voraussetzungen für die Heimkehr des Wolfes. Einmal ist die Geländestruktur sehr günstig, dazu kommen die vielen Gewässer, und außerdem gibt es genügend Wild als Nahrung des Wolfes. In bezug auf den Menschen sind diese Gebiete dünn genug besiedelt, um „Bruder Wolf" Platz übrigzulassen.

Zum rechtlichen Status des Wolfes in Deutschland:
Der Wolf ist eine der Tierarten, die dem Washingtoner Artenschutzabkommen unterliegt und durch die Berner Konvention sowie das Bundesnaturschutzgesetz (BGBI, S. 889 vom 22. 3. 1987) in Deutschland geschützt ist. Danach ist verboten, wildlebenden Tieren der geschützten Arten nachzustellen, sie zu fangen, zu verletzen oder zu töten.
Außerdem ist in der Bundesartenschutzverordnung vom 20.7.1994 der Wolf als eine vom Aussterben bedrohte Art geführt.
Deshalb kann die Ermächtigungsgrundlage des Bundesjagdgesetzes (Bundesjagd G. BGBI, 211, S. 2849 vom 29.9.1976), die es den Ländern gestattet zu bestimmen, welche Arten dem Jagdrecht unterliegen, nicht auf den Wolf angewendet werden.

In ganz Europa sah die Situation 1992 folgendermaßen aus (FROMBERGER u. a., 1992):

Land	Bestand	Schutzzeit
Schweden, Norwegen	ca. 25	ganzjährig
Finnland	unter 100	Norden: 1.4–31.10. Zentrum: 1.3–31.10. Süden: ganzjährig
GUS (Europ. Teil	80 000–100 000 ca. 15 000)	ungeschützt
Polen	ca. 850	1.4.–31.7.
Deutschland	ca. 5	ganzjährig
Tschechei	unter 5	ganzjährig
Slowakei	ca. 350	1.3.–15.9.
Ungarn	unter 50	ganzjährig
Rumänien	ca. 2 500	ungeschützt
Griechenland	300–500	ungeschützt
Bosnien-Herzegowina	ca. 400	ungeschützt
Kroatien	unter 20	ungeschützt
Slowenien	unter 10	ganzjährig
Italien	ca. 300	ganzjährig
Spanien	1 500–2 000	ganzjährig
Portugal	ca. 150	ganzjährig

Über die Situation in Bulgarien, Restjugoslawien, Mazedonien und Albanien gibt es keine Informationen.

Auch tote Wölfe oder andere Wolfs-Trophäen unterliegen bestimmten Vorschriften: Nach dem internationalen Übereinkommen im Handel mit gefährdeten Tierarten, CITES (Convention on International Trade of Endangered Species of Wild Fauna and Flora), dürfen Trophäen nur mit gültiger Ausfuhrgenehmigung (CITES des Jagdlandes) und Einfuhrgenehmigung (deutsche CITES) nach Deutschland eingeführt werden. Europäische Wölfe (außer von Baltikum, Moldavien, Rußland, Ukraine und Rumänien) sind nach Anlage 2 der Bundesartenschutzverordnung als vom Aussterben bedroht zu verzeichnen.

Berlin 1996 Dr. Dagmar Altmann-Langwald

Zusammenfassung

Es werden Kenntnisse über eine Tierart vermittelt, die einmal in Deutschland heimisch war und die sich vielleicht auf Grund der Entwicklung in unserem Nachbarland Polen wieder bei uns einfinden wird.
Die größte freilebende Wolfspopulation in Mitteleuropa lebt heute in Polen. Von da ist auch mit der Ausbreitung nach Westen, also auch nach Deutschland, zu rechnen.
In den mitteldeutschen Wäldern hat es seit Mitte des 19. Jahrhunderts kaum wildlebende Wolfsrudel gegeben. Trotzdem war der Wolf nie ganz aus unseren Wäldern verschwunden. Immer wieder gab es Einzelgänger, die vermutlich meistens aus Polen kamen. Damit ist begründet, daß man sich in Deutschland gerade mit dem „Wolf in Polen" vertraut machen sollte.
Henryk Okarma hat wildlebende Wölfe im Süden und im Osten Polens studiert und sich auch mit zahmen Wölfen befaßt. Ebenso wurde die Wolfsliteratur aus aller Welt ausgewertet und einbezogen.
In dieser Monographie wird der Wolf vor allem unter folgenden drei Aspekten betrachtet:

- Individuum (Morphologie, Physiologie, Entwicklung, Ernährung)
- Population (Verbreitung, Sozialstruktur, Sozialverhalten)
- Ökosystem (Jagdverhalten, Auswahl der Beutetiere, Verteidigungsstrategie der Beutetiere)

Ein Kapitel befaßt sich mit der Wolfsjagd, und ganz besonders interessant ist die historische Entwicklung des Verhältnisses zwischen Mensch und Wolf bis in die Gegenwart einschließlich der unterschiedlichen gesetzlichen Bestimmungen dargestellt.
In den meisten Gebieten des dicht besiedelten Europas wurden die Wölfe bis zum Ende des 19. Jahrhunderts ausgerottet, und nur eine begrenzte Population überlebte in wenigen Gebieten. Zu Beginn des 20. Jahrhunderts war das Vorkommen des Wolfes auf wenige bewaldete und unzugängliche Regionen des Nord- und Südostens Polens beschränkt. Gegen 1920 breiteten sich die Wölfe wieder nach Westen aus und waren da in einer größeren Zahl vorhanden als vorher im Osten Polens und in den Karpaten. Danach hat der Wolf in Polen eine wechselvolle Geschichte gehabt. Er unterlag unterschiedlichen gesetzmäßigen Bestimmungen, wurde geschont und konnte sich vermehren, dann wieder verfolgt und dezimiert. Zur Zeit leben in Polen etwa 600 Wölfe. Somit ist das heutige Polen das einzige Land in Zentraleuropa, in dem sich seit jeher bis in die heutige Zeit hinein eine mehr oder weniger große, aber lebensfähige Wolfspopulation erhalten hat.

Die in Polen lebenden Wölfe sind der Unterart *Canis l. lupus Linnaeus*, 1758 zugeordnet. Ihr Fell ist im wesentlichen grau mit etwas hellem Braun. Schwarze Haare sind längs des Rückens und an den Schultern vorhanden. Das durchschnittliche Körpergewicht der Wölfe in Polen ist ähnlich dem Gewicht der meisten Wölfe in Nordamerika. Erwachsene Männchen im Südosten Polens erreichten ein Gewicht von 35 bis 67 kg, Weibchen von 27 bis 50 kg.

Sowohl im Flachland als auch in den Karpaten jagen Wölfe hauptsächlich Rothirsche (*Cervus elaphus*). Reh (*Capreolus capreolus*) und Wildschwein (*Sus scrofa*) sind zweitrangig in der Wolfsnahrung, die auch in wenigen Prozenten Hasen, Nagetiere, Vögel, Amphibien und pflanzliches Material einschließt. Unter den Rothirschen überwiegen Kälber. Von den Erwachsenen war die Mehrheit weiblich. Bei den Wildschweinen fielen den Wölfen fast ausschließlich Frischlinge zum Opfer.

Seit den 50er Jahren wird die Anzahl der getöteten Wölfe in Polen registriert. Von 1955 bis 1959 wurden in Polen für erlegte Wölfe Prämien gezahlt, um einer sogenannten Wolfsplage zu begegnen. Des Geldes wegen wurden oftmals Schädel und Fell von großen Hunden als vom Wolf stammend ausgegeben. Eine genaue Methode zur Unterscheidung von Wolf- und Hundeschädel wurde erst 1975 von SUMINSKI beschrieben. In den Jahren danach wurden weniger Wolfstötungen registriert. Erst seit 1982/83 erhöhte sich die Anzahl der geschossenen Wölfe wieder. Der Jagddruck auf die Population stieg an. Dazu trug wohl folgendes bei: (1) Die Wölfe wurden durch die Jäger als sehr attraktive Art geschätzt. (2) Konzentrierte Wolfsvorkommen in relativ großer Zahl gab es in einigen speziellen Gebieten Polens. (3) Obwohl die Jagd schwierig und zeitaufwendig ist, wurde sie als sehr attraktiv betrachtet. (4) Der Liebhaberwert einer Wolfstrophäe war in konvertierbarer Währung erheblich gestiegen. Demzufolge existierte auch eine in ihrem Ausmaß nur schwer einzuschätzende Wilddieberei. Die Jagd wurde als Lappenjagd und durch Schießen von Hochsitzen ausgeführt. Heute (1996) ist die Jagd auf Wölfe in Polen bis auf ein sehr kleines Gebiet und in Deutschland vollkommen verboten.

Die Managementpolitik Polens hinsichtlich des Wolfes hat meist das Bild eines großen bösen Wolfes widergespiegelt und hatte eine klare Tendenz, seine Anzahl zu begrenzen. Hauptgründe dafür waren Verluste an Viehbestand und an Wild, die in Polen aber heutzutage so gering sind, daß sie keine ökonomische Bedeutung haben.

Das Management der Wölfe sollte auf wissenschaftlichen Daten basieren und nicht auf überkommenen, althergebrachten Voreingenommenheiten.

Um die Existenz einer lebensfähigen Wolfspopulation in geeigneten Biotopen gezielt unterstützen zu können oder auch ihre Wiederansiedlung zu ermöglichen, sind ausgedehnte Untersuchungen der Biologie und Ökologie des Wolfes speziell zu Wechselbeziehungen mit seinen Beutetierarten erforderlich.

Schließlich sollte der Wolf in allen europäischen Ländern zur gefährdeten Art erklärt und unter Schutz gestellt werden, wie von der Berner Konvention 1989 gefordert wird.

Die Einstellung des Menschen zum Wolf und die ökologischen Bedingungen sind in Polen und Deutschland sehr ähnlich. In beiden Ländern gab es in letzter Zeit viele staatliche und öffentliche Initiativen zur Schaffung von gesetzlichen Bedingungen, die es dem Wolf ermöglichen, in Mitteleuropa wieder heimisch zu werden. In Polen ist der Wolf jetzt bis auf ein kleines Gebiet geschützt.

In Deutschland unterliegt der Wolf nicht mehr dem Jagdrecht. Wölfe sind nach Bundesnaturschutzgesetz und Bundesartenschutzverordnung ganzjährig geschützt.

Naturschutzverbände wie die Wolf Special Group (internationaler Verband, der sich um die vielerorts gefährdeten Wölfe bemüht), zugehörig zur IUCN-SSC („Species Survival Commission“ der „International Union for the Conservation of Nature and Natural Resources“, dem bedeutendsten internationalen Dachverband der Naturschutzorganisationen) und für Deutschland die „Gesellschaft zum Schutz der Wölfe e. V.“ (Zeitschrift: „Wolf Magazin“), bemühen sich um die Vermittlung von sachgerechtem Wissen über den Wolf, um zu erreichen, daß er als Bestandteil der natürlichen Umwelt akzeptiert wird. Auch in diesem Sinne versucht dieses Buch, einen Beitrag zu liefern.

Dieses Buch unterscheidet sich von den anderen Wolfsbüchern auf dem deutschen Markt dadurch, daß es nicht nur den nordamerikanischen oder russischen Wolf oder den Wolf in Gefangenschaft zum Thema hat, sondern den für unsere Breiten typischen wildlebenden Wolf (*Canis lupus lupus*), den es heutzutage als reproduzierende Population nur noch in Polen gibt. Von da scheinen auch die einzelnen Wölfe gekommen zu sein, die immer wieder in Brandenburg und Mecklenburg-Vorpommern angetroffen wurden.

Das Buch ist populär, basiert auf wissenschaftlichen Forschungen und zeichnet sich durch bestechende Sachlichkeit aus. Es vermittelt fundiertes Wissen zum Thema Wolf in allgemeinverständlicher Form.

Es wendet sich in erster Linie an Naturfreunde, Umweltschützer, aber auch an Forstangestellte, Biologen, Ökologen und Jäger sowie an alle, die sich für Natur, für Wald und Feld interessieren.

Literaturverzeichnis

ANDRZEJEWSKI H., WOLK K. 1988. Mioty wilka (*Canis lupus*) koło Torunia. Materiały IV Ogólnopolskiej Konferencij Teriologicznej, Karniowice.

ALMASAN H., SCALATESCU G., NESTEROV V., MANOLACHE L. 1970. Contribution a la connaissance du régime de la nourriture du loup (*Canis lupus*) dans les Carpathes Roumaines. Trudy IX miezd. Kongr. biol.-ochotoved. Moskva, 1969: 523–529.

ANDERSON A. E., MEDIN D. E., BOWDEN D. C. 1972. Indices of carcass fat in a Colorado mule deer population. J. Wildl. Manage. 36: 579–594.

BALLARD W. B. 1980. Brown bear kills Gray wolf. Can. Field-Nat. 94: 91.

BALLARD W. B. 1982. Gray wolf-brown bear relationships in the Nelchina basin of south-central Alaska. [W: Wolves of the world. F. H. Harrington and P. C. Paquet, eds]. Noyes Publications, Park Ridge, New Jersey: 71–80.

BALLARD W. B., WHITMAN J. S., GARDNER C. L. 1987. Ecology of an exploited wolf population in south-central Alaska. Wildl. Monogr. 98: 1–54.

BERGERUD A. T. 1988. Caribou, wolves and man. Trends in Ecology and Evolution 3: 68–72.

BERGERUD A. T., PAGE R. E. 1987. Displacement and dispersion of parturient caribou at calving as anti-predator tactics. Can. J. Zool. 65: 1597–1606.

BIBIKOV D. I. 1985. Volk. Isdatelstwo „Nauka", Moskwa: 1–606.

BJÄRVALL A. 1983. Scandinavia's response to a natural re-population of wolves. Acta Zool. Fennica 174: 273–275.

BJÄRVALL A., ISAKSON E. 1982. Winter ecology of a pack of three wolves in northern Sweden. [W: Wolves of the world. F. H. Harrington and P. C. Paquet, eds]. Noyes Publications, Park Ridge, New Jersey: 146–157.

BJÄRVALL A., NILSSON E. 1976. Surplus killing of reindeer by wolves. J. Mammal. 57: 585.

BOBEK B., MOROW K., PERZANOWSKI K. 1984. Ekologiczne podstawy łowiectwa. PWRiL, Warszawa: 1–314.

BOITANI L. 1982. Wolf management in intensively used areas of Italy. [W: Wolves of the world. F. H. Harrington and P. C. Paquet, cds]. Noyes Publications, Park Ridge, New Jersey: 158–172.

BRTEK L., VOSKÁR J. 1987. Potravná biologia vlka v podmienkach Slovenských Karpat. Biologia (Bratislava) 42: 985–990.

BRZEZIŃSKI M. 1991. Dlaczego zabija się wilki? Las Polski Nr 4: 10–14.

BUCHALCZYK T. 1984. Wilk. [W: Klucz do oznaczania ssaków Polski. Z. Pucek, ed]. PWN, Warszawa: 1–348.

BUCHALCZYK T. 1972. O nowy stosunek do drapieżników i niektórych szkodników łowieckich. Łowiec Polski 9: 14–16.

BUCHALCZYK T., DYNOWSKI J., SZTEYN S. 1981. Variations in number of teeth and asymmetry of the skull in the wolf. Acta theriol. 26: 23–30.

BUNEVIČ A. N. 1988. Dinamika čislennosti i pitanie volka v Belo Vežskoj Pušče. [W: Zapovedniki Belorussij]. Uraždaj, Minsk: 108–113.

CARBYN L. N. 1974. Wolf population fluctuations in Jasper National Park, Alberta. Biol. Conserv. 6: 94–101.

CARBYN L. N. 1982. Incidence of disease and its potential role in the population dynamics of wolves in Riding Mountain National Park, Manitoba. [W: Wolves of the world. F. H. Harrington and P. C. Paquet, eds]. Noyes Publications, Park Ridge, New Jersey: 106–116.

CARBYN L. N. 1983. Wolf predation on elk in Riding Mountain National Park, Manitoba. J. Wildl. Manage. 47: 963–976.

CARBYN L. N., TROTTLER T. 1987. Responses of bison on their calving grounds to predation by wolves in Wood Buffalo National Park. Can. J. Zool. 65: 2072–2078.

CASTROVIEJO J., PALACIOS F., GARZON J., CUESTA L. 1975. Sobre la alimentacion de los canidos ibericos. XII IUGB Congress, Lisboa. [W druku].

CHWEDEŃCZUK K. 1987. Pies czy wilk. „Nasza Księgarnia", Warszawa: 1–87.

CHWEDEŃCZUK K. 1990. Psy i psowate. „Nasza Księgarnia", Warszawa: 1–111.

CLUTTON-BROCK J. 1987. A natural history of domesticated mammals. Cambridge Univ. Press, Cambridge: 1–208.

CURTIS H. 1979. Biology. Worth Publishers, Inc. New Yorck.

DZIĘCIOLOWSKI R. 1979. Structure and spatial organization of deer populations. Acta theriol. 24: 3–21.

DZIĘCIOLOWSKI R. 1991. Ecological niches of five big ungulates in a forest tract. Folia Forestalia Polonica. Series A – Forestry 33: 56–70.

EBERHARDT L. L. 1977. Optimal policies for conservation of large mammals, with special reference to marine ecosystems. Environ. Conserv. 4: 205–212.

EIDE S. H., BALLARD W. B. 1982. Apparent case of surplus killing of caribou by Gray wolves. Canadian Field-Nat. 96: 87–88.

ELGAR M. A. 1989. Predator vigilance and group size in mammals and birds: a critical review of the empirical evidence. Biol. Rev. 64: 13–33

FILONOV K. P. 1989, Kopytnyje i krupnyje chiščniki v zapovednikach. Izd. Nauka, Moskwa.

FONG D. W. 1981. Seasonal variation of marrow fat content from Newfoundland moose. J. Wildl. Manage 45: 545–548.

FRANK H., FRANK M. G. 1982. Comparison of problem-solving performance in six-week-old wolves and dogs. Anim. Behav. 30: 95–98.

FRIJLINK J. H. 1977. Patterns of wolf pack movements prior to kills as read from tracks in Algonquin Provincial Park, Ontario, Canada. Bijdr. Dierkd. 47: 131–137.

FRITTS S. H. 1983. Record dispersal by a wolf from Minnesota. J. Mammal. 64: 166–167.

FRITTS S. H., MECH L. D. 1981. Dynamics, movements, and feeding ecology of an newly protected wolf population in northwestern Minnesota. Wildl. Monogr. No. 80.

FRITTS S. H., PAUL W. J. 1989. Interactions of wolves and dogs in Minnesota. Wildl. Soc. Bull. 17: 121–123.

FULLER J. L., DUBUIS E. M. 1962. The behavior of dogs. [W: The behavior of domestic animals. E. Hafez, ed. J. Bailliere, Tindall & Cox. London: 415–452.

FULLER T. K., KEITH L. B. 1980. Wolf population dynamics and prey relationsips in northeastern Alberta. J. Wildl. Manage 44: 583–602.

FULLER W. A., NOVAKOWSKI N. S. 1955. Wolf control operations, Wood Buffalo National Park, 1951–1952, Can. Wildl. Serv., Wildl. Mgmt. Bull. Ser. 1, No. 11.

GAVRIN V. F., DONAUROV S. S. 1954. Volk v Beloveżkoj Pušče. Zool Žh. 33: 904–924.

GODLEWSKI S. 1989. Vademecum myśliwego. Wydawnictwo MON, Warszawa: 1–463.

GODYŃ Z. 1937. Rozmieszczenie niektórych zwierząt łownych w Polsce, Łowiec 13–14: 116–121.

GOLDMAN E. A. 1944. The wolves of north America. Part II. Classification of wolves. The Amer. Wildl. Instit. Washington, D. C.: 389–636.

GOODWIN E., BALLARD W. 1985. Use of tooth cementurn for age determination of Gray wolves. J. Wildl. Manage. 49: 313–316.

GOSZCZYŃSKI J. 1986. Locomotor activity of terrestrial predators and its consequences. Acta theriol. 31: 79–95.

GRUE H., JENSEN B. 1979. Review of the formation of incrementallines in tooth cementum of terrestial mammals. Dan. Rev. Game Biol. 11: 1–48.

GURSKIJ I. G. 1973. Opredelenie vozrasta volka (*Canis lupus* L.) po čerepu. Vestnik Zoologii No 3: 55–59.

HABERMEHL K.-H. 1961. Die Altersbestimmung bei Haustieren, Pelztieren und beim jagdbaren Wild. Verlag Paul Parey, Berlin: 1–223.

HAGLUND B. 1968. De stora rovdjurens vintervanor II. Viltrevy 5: 217–361.

HAGLUND B. 1975. The wolf in Fennoscandia. Proc. I Working Meeting of Wolf Specialist and of the I Int. Conference on the Conservation of the Wolf. Stockholm, September 1973. IUCN, Morges, Switzerland: 37–43.

HARRINGTON F. H. 1981. Urine-marking and caching behavior in the wolf. Behaviour 76: 280–288.

HARRINGTON F. H., MECH D. L. 1978. Wolf vocalization. [W: Wolf and man: evolution in parallel. R. L. Hall and H. S. Sharp, eds]. Academic Press, New York: 109–132.

HARRINGTON F. H., MECH D. L. 1979. Wolf howling and its role interritory maintenance. Behaviour 68: 207–249.

HARRINGTON F. H., MECH D. L. 1982. An analysis of howling response parameters useful for wolf pack censusing. J. Wildl. Manage. 46: 686–693.

HARRINGTON F. H., MECH D. L. 1983. Wolf pack spacing: howling as a territory-independent spacing mechanism in a territorial population. Behav. Ecol. Sociobiol. 12: 161–168.

HARRINGTON F. H., MECH D. L., FRITTS S. H. 1983. Pack size and wolf pup survival: their relationship under varying ecological conditions. Behav. Ecol. Sociobiol. 13: 19–26.

HARRIS R. B., BEAM B. B. 1983. A method to aid in discrimination of tracks from wolves and dogs. [W: Wolves in Canada and Alaska. L. N. Carbyn, ed.]. Can. Wildl. Serv. Rep. Ser. No 45: 120–124.

HAYES R. D., MOSSOP D. H. 1987. Interactions of wolves, *Canis lupus*, and brown bears, *Ursus arctos*, at a wolf den in the northern Yukon. Can. Field-Nat. 101: 603–604.

HEDEMANN O. 1935. Tępienie wilków. Echa Leśne 30: 4.

HEDEMANN O. 1936. O uszach i ogonach wilcych. Echa Leśne 1: 4–5.

HELL P., DURIČKA J. 1989. Anomálie chrupu zapadokarpatského vlka (*Canis lupus*). Folia Venatoria 19: 339–347.

HEPTNER W. G., NAUMOV N. P., JURGENSON P. B. 1967, Mlekopitajuščie Sovetskogo Sojuza, t. 2. Vyš. Šk. Moskva: 123–193.

HILDEBRAND M. 1952. The integument in *Canidae*. J. Mammal. 33: 419–428.

HOPPE S. 1980. Polski język lowieski. PWRiL, Warszawa: 1–271.

HOREJSI B. L., HORNBECK G. E., RAINE M. R. 1984. Wolves, *Canis lupus*, kill female black bear, *Ursus americanus*, in Alberta. Can. Field-Nat. 98: 368–369.

HOSKINSON R. L., MECH D. L. 1976. White-tailed deer migration and its role in wolf predation. J. Wildl. Manage. 43: 429–441.

ILJN N. A. 1941. Wolf-dog genetics. J. Genetics 42: 359–414.

JANZ D. W. 1989. Wolf-deer interactions on Vancouver Island – a review. Proc. of a symposium „Wolf-prey dynamics and management", May 1988, Vancouver. Wildlife Working Report No. WR-40.

JENNESS S. E. 1985. Arctic wolf attacks scientist – a unique Canadian incident. Arctic 38: 129–132.

JĘDRZEJEWSKA B., JĘDRZEJEWSKI W. 1989. Seasonal surplus killing as hunting strategy of the weasel *Mustela nivalis* – test of a hypothesis. Acta theriol. 34: 347–359.

JĘDRZEJEWSKA B., JĘDRZEJEWSKI W. , OKARMA H. 1991. Wilk jest dziki, wilk jest zły? Parki Narodowe 1: 7–9.

JĘDRZEJEWSKI W., JĘDRZEJEWSKA B. 1991. Foraging and diet of the red fox *Vulpes vulpes* in relation to variable food resources in the Białowieża National Park, Poland. Holarct. Ecol. [W druku].

JĘDRZEJEWSKI W., JĘDRZEJEWSKA B.., OKARMA H., RUPRECHT A. 1992. Wolf predation and snow cover as a mortality factors in the ungulate community of the Białowieża National Park, Poland. Oecologia (Berl.) 90: 27–30.

JĘDRZEJEWSKI W., JĘDRZEJEWSKA B., SZYMURA A. 1989. Food niche overlaps in a winter community of predators in the Białowieża Primeval Forest, Poland. Acta theriol. 34: 487–496.

JOHNSON S. A., AAMODT A. 1985. Wolf pack. Tracking wolves in the wild. Lerner Publications Company, Minneapolis: 1–96.

JORDAN P. A., SHELTON P. C., ALLEN D. L. 1967. Numbers, turnover, and social structure of the Isle Royale wolf population. Am Zool. 7: 233–252.

JOSLIN P. W. B. 1966. Summer activities of two timber wolf packs in Algonquin Park. Unpubl. M. S. thesis. University of Toronto: 1–99.

KARPIŃSKI J. J. 1953. W prastarej Puszczy. Nasza Księgarnia, Warszawa.

KEITH L. B. 1983. Population dynamics of wolves. [W: Wolves in Canada and Alaska. L. N. Carbyn, ed.]. Can. Wildl. Serv. Rep. Ser. No 45: 66–77.

KLAROWSKI R. 1973. Wilkowi grozi wymarcie. Chrońmy Przyrodę Ojczysta 6: 66–67.

KLATT K. 1913. Über den Einfluss der Gesamtgrösse auf das Schaedelbild nebst Bemerkungen über die Vorgeschichte der Haustiere. Arch. Entw. Mech. Org. 36. [Cytowane za Mech 1970].

KLEVEZAL G. A. 1988. Registrirujuščie struktury mlekopitajuščich v zoologičeskich issledovanijach. Izd. Nauka. Moskva: 1–285.

KOLENOSKY G. B. 1972. Wolf predation on wintering deer in east-central Ontario. J. Wildl. Manage. 36: 357–369.

KOPALIŃSKI W. 1990. Słownik symboli. Wiedza Powszechna, Warszawa: 1–509.

KOSSAK S 1989. Multiple hunting by lynx and red fox and utilization of prey by some carnivores. Acta theriol 34: 505–512.

KOWALSKI Z. 1953. Wilk i jego wzalczanie. PWRiL, Warszawa: 1–57.

KRAWCZAK C. 1969. Polowanie na wilki w Wielkim Księstwie Poznańskim. Łowiec Polski 4: 12.

KRAWCZYŃSKI W. 1947. Łowiectwo. Czytelnik, Warszawa.

KRUPKA, J. i in. 1990. Łowiectwo. PWRiL, Warszawa: 1–528.

KRUUK H. 1972. Surplus killing by carnivores, J. Zool. 166: 233–244.

KRYSIAK K. 1975. Anatomia zwierząt (tom I). PWN, Warszawa: 1–639.

KRYSIAK K., ŚWIEŻYŃSKI K. 1983. Anatomia zwierząt (tom II). PWN, Warszawa: 1–754.

KRZYŻANOWSKI S. 1972. Nowa księga przysłow polskich.

KUDATKIN A. N. 1982. Ochotniči povadki volkov v zapadnem Kavkaze. Bjull. Mosk. Obšč. Ispyt. Prir. (Otd. Biol.) 87 (1): 24–30.

KUDATKIN A. N. 1986. Vliýanie volka na kopytnych v Kavkazskom Zapovednike [W: Roľ krupnych chiščnikov v biocenozach zapovednikov. Sbornik naučnych trudov CNIL Glavochoty RSFSR. A. K. Fedosenko, ed.]. Moskwa: 21–35.

KURTEN B. 1968. Pleistocene mammals of Europe. Weidenfeld & Nicolson, London : 1–317.

KUYT E. 1972. Food habits and ecology of wolves on barren-ground caribou range in the Northwest Territories. Can. Wildl. Serv., Rept. Ser. No. 21: 1–36.

LAUER B. H., KUYT E., BAKER B. E. 1969. Wolf milk. Arctic wolf (*Canus lupus arctos*) and husky milk: gross composition and fatty acid composition. Can. J. Zool. 47: 99–102.

LEHMANN N., EISENHAWER A., HANSEN K., MECH L. D., PETERSON R. O., GOGAN J. P., WAYNE R. K. 1991. Introgression of coyote mitochondrial DNA into sympatric North American Gray wolf popoulations. Evolution 45: 104–119.

LEŚNIEWICZ K., PERZANOWSKI K. 1989. The winter diet of wolves in Bieszczady Mountains. Acta theriol. 34: 373–380.

LITVINOV V. P. 1981. Volk (*Canis lupus*) i kaban (*Sus scrofa*) w Kyzyl-Agatskom Zapovednikic. Zool. Žh. 60: 1588–1591.

LOCHMANN i in. 1987. Określanie wieku zwierzyny. PWRiL, Warszawa: 1–256.

LUTNICKI W. 1972. Uzębienie zwierząt domowych. PWN, Warszawa.

MACDONALD D. W. 1983. The ecology of carnivore social behaviour. Nature 301: 379–384.

MAKRIDIN V. P. 1962. Volk v severnoj Yamal. Zool. Žh. 41: 1413–1417.

MATTHEW W. D. 1930. The phylogeny of dogs. J. Mammal. 11: 117–138.

MCNEILL M. A., RAU M. F., MESSIER F. 1984. Helminths of wolves (*Canis lupus* L.) from southwestern Quebec. Can. J. Zool. 62; 1659–1660.

MECH D. L. 1966. The wolves of Isle Royale. U.S. Nat. Park Serv. Fauna Ser. No 7: 1–210.

MECH L. D. 1970. The wolf: the ecology and behavior of an endangered species. Natural History Press, Garden City: 1–389.

MECH, L. D. 1975a. Current techniques in the study of elusive wilderness carnivores. Proc I Working Meeting of Wolf Specialists. IUCN Publications New Series, Supplementary paper, No 43: 123–133.

MECH L. D. 1975b. Disproportionate sex ratios in wolf pups. J. Wildl. Manage. 39: 737–740.

MECH L. D. 1977. Productivity, morality, and population trends of wolves in northeastern Minnesota. J. Mammal. 58: 559–574.

MECH L. D. 1987. Age, season, distance, direction, and social aspects of wolf dispersal from a Minnesota pack. [W: Mammalian dispersal patterns. B. D. Chepko-Sade and Z. Halpin, eds]. Univ. Chicago Press, Chicago: 55–74.

MECH L. D. 1988. Longevity in wild wolves. J. Mammal. 69: 197–198.

MECH L. D. 1989. Wolf population survival in an area of high road density. Am Midl. Nat. 121: 387–389.

MECH L. D., DELGIUDICE G. D. 1985. Limitations of the marrow-fat technique as an indicator of body condition. Wildl. Soc. Bull. 13: 204–206.

MECH L. D., FRENZEL L. D., JR., KARNS P. D. 1971. The effect of snow conditions on the vulnerability of white-tailed deer to wolf predation. [W: ecological studies of the timber wolf in northeastern Minnesota. L. D. Mech and L. D. Frenzel, Jr., eds]. USDA Forest Serv. Res. Pap. NC-52. St. Paul, MN: 51–59.

MECH L. D., GOYAL S. M., BOTA C. N., SEAL U. S. 1986. Canine parvovirus infection in wolves (*Canis lupus*) from Minnesota. J. Wildlife Dis. 22: 104–106.

MECH L. D., NELSON M. E. 1989. Polygyny in a wild wolf pack. J. Mammal. 70: 675–676.

MECH L. D., SEAL U. S. 1987. Premature reproductive activity in wild wolves. J. Mammal. 64: 871–873.

MEDJO D., MECH L. D. 1976. Reproductive activity in nine- and ten-month-old wolves. J. Mammal. 57: 406–408.

MENDELSSOHN H. 1982. Wolves in Israel. [W: Wolves of the world. F. H. Harrington and P. C. Paquet, eds]. Noyes Publications, Park Ridge, New Jersey: 173–195.

MERIGGI A., ROSA P., BRANGI A., MATTEUCCI C. 1991. Habitat use and diet of the wolf in northern Italy. Acta theriol. 36: 141–152.

MERTL-MILLHOLLEN A. S., GOODMANN P. A., KLINGHAMMER E. 1986. Wolf scent marking with raised-led urination. Zoo Biol. 5: 7–20.

MESSIER F. 1985. Social organization, spatial distribution, and population density of wolves in relation to moose density. Can. J. Zool. 63: 1068–1077.

MESSIER F. 1987. Physical condition and blood physiology of wolves in relation to moose density. Can J. Zool. 65: 91–95.

MESSIER F., CRÉTE M. 1985. Moose-wolf dynamics and the natural regulation of moose populations. Oecologia (Berl.) 65: 503–512.

MILLER F. L., GUNN A., BROUGHTON E. 1985. Surplus killing as exemplified by wolf prepation on newborn caribou. Can J. Zool. 63: 295–300.

MIŁKOWSKI L. 1986. Wilk i ryś w Puszczy Białowieskiej. Lowiec Polski 10: 18–19.

MÜLLER-SCHWARTZE D. 1972. Responses of young black-tailed deer to predator odours. J. Mammal. 53: 393–394.

Murie A. 1944. The wolves of Mount Mc Kinley. U.S. Nat. Park Serv. Fauna Ser. No 5: 1–238.

Myčko E. N., Šubkina A.W. 1980. O piščevom povedenii volkov v nevole. [W: Povedenie volka. Sbornik naučnych trudov AN ZSRR. D. I. Bibikov. ed.] Moskva: 158–163.

Nasivmovič A. A. 1955. Roľ režima snežnogo pokrova v žizni kopytnych životnych na territorii SSSR. AN ZSSR, Moskva: 1–403.

Nelson M. E., Mech L. D. 1984. Observation of a swimming wolf killing a swimming deer. J. Mammal. 65: 143–144.

Nelson M. E., Mech L. D. 1985. Observation of a wolf killed by a deer. J. Mammal. 66: 187–188.

Niezabitowski E. 1910. Klucz do oznaczania zwierząt kręgowych Ziem Poskich. Kraków 1910.

Nikolskij A. A., Frommolt K. Ch. 1989. Zvukovaja aktivnost volka. Izd. Mosk. Univ., Moskva: 1–126.

Novikov G. A. 1956. Chiščnyje mlekopitajuščije fauny SSSR. AN SSSR, Moskva–Leningrad: 1–293.

Nowak R. M. 1983. A perspective on the taxonomy of wolves in North America. [W: Wolves in Canada and Alaska. L. N. Carbyn, ed.]. Can. Wildl. Serv. Rep. Ser. No 45: 10–19.

Okarma H. 1984. The physical condition of red deer falling prey to the wolf and lynx and harvested in the Carpathian Mountains. Acta theriol. 29: 283–290.

Okarma H. 1987. Wilk w Polsce. Myśliwiec 87 (4): 12–19.

Okarma H. 1989a. Distribution and number of wolves in Poland. Acta theriol. 34: 497–503.

Okarma H. 1989b. Mandible versus long bone marrow fat in red deer. Acta theriol. 34: 537–544.

Okarma H. 1991. Marrow fat content, sex and age of the red deer killed by wolves in winter in the Carpathian Mountains. Holarct. Ecol. 14: 169–172.

Okarma H., Koteja P. 1989. Basal metabolic rate in the gray wolf in Poland. J. Wildl. Manage. 51: 800–801.

Packard J. M., Mech L. D. 1980. Population regulation in wolves. [W: Biosocial mechanisms of population regulation. M. N. Cohen, R. S. Malpass, H. G. Klein, eds]. Yale Univ. Press, New Haven, CT: 135–150.

Packard J. M., Mech L. D. 1983. Population regulation in wolves. [W: Symp. on natural regulation of wildlife populations. F. L. Bunnell, D. S. Eastman and J. M. Peek, eds]. For. Wildl. and Range Expt. Stn., Univ. of Idaho, Moscow. Proc. 14: 151–174.

Packard J. M., Mech L. D., Seal U. S. 1983. Social influences on reproduction in wolves. [W: Wolves in Canada and Alaska. L. N. Carbyn, ed.]. Ottawa. Can. Wildl. Service Rep. Series No 45: 78–85.

Packard J. M., Seal U. S., Mech L. D., Plotka E. D. 1985. Causes of reproductive failure in two family groups of wolves (*Canis lupus*). Z. Tierpsychol. 68: 24–40.

Paquet P. C., Carbyn L. N. 1986. Wolves, *Canis lupus*, killing denning black bears, *Ursus americanus*, in the Riding Mountain National Park Area. Can. Field-Nat. 100: 371–372.

Paradiso J. L., Nowak R. M. 1982. Wolves. [W: Wild mammals of North America: biology, management, and economics. J. A. Chapman and G. A. Feldhamer, eds]. Johns Hopkins Univ. Press. Baltimore. MD: 460–474.

Pasitschniak-Arts M., Taylor M. E., Mech L. D. 1988. Skeletal injuries in an adult arctic wolf. Arctic. Alp. Res. 20: 360–365.

Pavlov M. P. 1990. Volk. V. O. Agropromizdat, Moskva: 1–351.

Peek J. M., Eastman D. S. 1983. Factors which naturally control moose populations. [W.: Symposium on natural regulation of wildlife populations. F. L. Bunnell; D. S. Eastman and J. M. Peek, eds]. Wildl. Soc., Northwest Sect., Proc. Nr. 14: 175–193.

Peters R., Mech D. L. 1975. Scent-marking in wolves. American Scientist 63: 628–637.

Peterson R. L. 1947. A record on timber wolf attacking a man. J. Mammal. 28: 294–295.

Peterson R. L. 1955. North American moose. Univ. of Toronto Press, Toronto: 1–280.

Peterson R. O. 1977. Wolf ecology and prey relationships on Isle Royale. Nat. Park Serv. Monogr. Ser. 11: 1–210.

Peterson R. O., Page R. E., Dodge K. M. 1984. Wolves, moose, and the allometry of population cycles. Science 224: 1350–1354.

Peterson R. O., Woolington J. D., Bailey T. N. 1984. Wolves of the Kenai peninsula, Alaska. Wildl. Monogr. No. 88.

Pimlott D. H., Shannon J. A., Kolenosky G. B. 1969. The ecology of the timber wolf in Algonquin Park. Ont. Dept. Lands and Forests: 1–92.

Potvin F. 1987. Wolf movements and population dynamics in Papineau-Labelle reserve, Quebec. Can. J. Zool. 66: 1266–1273.

Potvin F., Jolicœur H., Huot J. 1988. Wolf diet and prey selectivity during two periods for deer in Quebec: decline versus expansion. Can. J. Zool. 66: 1274–1279.

Pucek Z., Bobek B., Łabudzki L., Miłkowski L., Morow K., Tomek A. 1975. Estimates of density and number of ungulates. Pol Ecol. Studies 1: 121–136.

PULLIAINEN E. 1965. Studies of the wolf (*Canis lupus* L.) in Finland. Ann. Zool. Fenn. 2: 215–259.

PULLIAINEN E. 1982. Behaviour and structure of an expanding wolf population in Karelia, Northern Europe. [W: Wolves of the world. F. H. Harrington and P. C. Paquet, eds]. Noyes Publications, Park Ridge, New Jersey: 134–145.

RATCLIFFE P. R. 1980. Bone marrow fat as an indicator of condition in roe deer. Acta theriol. 25: 333–340.

RAUSCH R. 1967. Some aspects of the population ecology of wolves, Alaska. Am Zool. 7: 253–265.

REIG S., JĘDRZEJEWSKI W. 1988. Winter and early spring food of some carnivores in the Białowieża National Park, eastern Poland. Acta theriol. 33: 57–65.

ROGERS L. 1980. Deer distribution in relation to wolf pack territory edges. J. Wildl. Manage. 44: 253–258.

ROGERS L. L., MECH L. D. 1981. Interactions of wolves and black bears in northeastern Minnesota. J. Mammal. 62: 434–436.

ROTHMAN R. J., MECH L. D. 1979. Scent-marking in lone wolves and newly formed pairs. Anim. Behav. 27: 750–760.

SCOTT J. P., FULLER J. L. 1965. Genetics and the social behavior of the dog. Univ of Chicago Press, Chicago: 1–468.

SCOTT P., BENTLEY C., WARREN J. 1985. Aggressive behavior by wolves towards humans. J.Mammal. 66: 807–809.

SEAL U. S., PLOTKA J. M., PACKARD J. M., MECH L. D. 1979. Endocrine correlates of reproduction in the wolf. Biol. Reprod. 21: 1057–1066.

SEAL U. S., MECH L. D. 1983. Blood indicators of seasonal metabolic patterns in captive adult gray wolves. J. Wildl. Manage. 47: 704–715.

SERŽANIN J. N. 1961. Mlekopitajuščie Belorussii. AN BSSR, Minsk: 74–78.

BEN SHAUL D. M. 1962. The composition of the milk of the wild animals. Int. Zoo Yb. 4: 333–342.

SCHENKEL R. 1947. Expression studies of wolves. Behaviour 1: 81–129.

SCHENKEL R. 1967. Submission: its features and function in the wolf and dog. Am. Zool. 7: 319–329.

SHELTON P. C., PETERSON R. O. 1983, Beaver, wolf and moose interactions in Isle Royale National Park, USA, Acta Zool. Fennica 174: 265–266.

SIEDLECKI L. 1959. Plaga wilcza opanowana, Łowiec Polski 14: 4–5.

SOLTYS A. 1964. Helmintofauna wilków (*Canis lupus* L.) Wiad Parazyt. 10 (1): 59–62.

STENLUND M. H. 1955. A field study of the timber wolf on the Superior National Forest, Minnesota. Minn. Dept. Cons. Tech. Bull. 4: 1–55.

STEPHENSON R. O., JAMES D. 1982. Wolf movements and food habits in northwest Alaska. [W: Wolves of the world. F. H. Harrington and P. C. Paquet, eds]. Noyes Publications, Park Ridge, New Jersey,: 26–42.

STEPHENSON R. O., RITTER D. G., NIELSEN C. A. 1982. Serologic survey for canine distember and infectious canine hepatitis in wolves in Alaska. J. Wildlife Dis. 18: 419–424.

SUMIŃSKI P. 1966. Comparative studies on the *os penis* and *os glandis* in domestic predatory animals. Folia Morphologica 25 (3): 415–429.

SUMIŃSKI P. 1970. Jeszcze raz w obronie wilka. Chrońmy Przyrode Ojczystą 5: 59–61.

SUMIŃSKI P. 1975a. The wolf in Poland. Proc. I Working Meeting of Wolf Specialist and of the I Int. Conference on the Conservation of the Wolf. Stockholm, September 1973. IUCN, Morges, Switzerland: 44–52.

SUMIŃSKI P. 1975b. Morphologische Unterscheidungsmerkmale zwischen Wolfs- (*Canis lupus* L.) und Hundeschädel (*Canis familiaris* L.) Z. Jagdwiss. 21: 227–232.

SUMIŃSKI P., FILIPIAK W. 1977. Beitrag zur Nahrungsuntersuchung des Wolfes (*Canis lupus* L.). Z. Jagdwiss. 23: 1–5.

ŚWIĘTORZECKI B. 1926. Wilk. Myśliwska Spólka Wydawnicza, Warszawa: 1–118.

TENER J. S. 1954. A preliminary study of the musk-oxen of Fosheim Peninsula, Ellesmere Island, N. W. T. Can. Wildl. Serv., Wildl. Mgmt. Bull., Ser. 1, No 9: 1–34.

THEBERGE J. B., FALLS J. B. 1967. Howling as a means of communication in timber wolves. Am. Zool. 7: 331–338.

THIEL R. P., MECH L. D., RUTH G. R., ARCHER J. R., KAUFMAN L. 1987. Blastomycosis in wild wolves. J. Wildl. Dis. 23: 321–323.

THOMPA F. S. 1983. Problem wolf management in British Columbia: conflict and evalutation. [W: Wolves in Canada and Alaska. L. N. Carbyn, ed.]. Can. Wildl. Serv. Rep. Ser. No 45: 112–119.

TROKOWICZ L. 1980. Tropienie wilków w dolinie Biebrzy. Przegl. Zool. 24: 137–145.

VAN BALLENBERGHE V., ERICKSON A. W. 1973. A wolf pack kills another wolf. Am. Midl. Nat. 90: 490–493.

VAN BALLENBERGHE V., MECH D. L. 1975. Weights, growth, and survival of timber wolf groups in Minnesota. J. Mammal. 56: 44–63.

VOIGT D. R., KOLENOSKY G. B., PIMLOTT H. D. 1976. Changes in summer foods of wolves in central Ontario. J. Wildl. Manage. 40: 663–668.

WOLSAN M. 1989. Drapieżne – *Carnivora.* [W: Historia i ewolucja lądowej fauny Polski. K. Kowalski, ed.]. Folia Quatern. 59–60: 177–196.

WOOLPY J. H. 1968. The social organization of wolves. Nat. Hist. 77: 46–55.

YOUNG S. P. 1944. The wolves of North America, Part I. Amer. Wildl. Inst. Washington D. C.: 1–385.

ZIMEN E. 1975. Social dynamics of the wolf pack. [W: The wild canids. M. W. Fox, ed.]. Van Nostrand Reinhold, New York: 336–362.

ZIMEN E. 1976. On the regulation of pack size in wolves. Z. Tierpsychol. 40: 300–341.

ZIMEN E. 1981. The wolf – a species in danger. Delacorte Press, New York: 1–373.

ZIMEN E. 1982. A wolf pack sociogram. [W: Wolves of the world. F. H. Harrington and P. C. Paquet, ed.]. Noyes Publications, Park Ridge, New Jersey: 282–322.

In der deutschen Fassung ausgewertete Literaturquellen:

ALTMANN, D. (1986): Soziale Funktionen im Wolfsrudel. Wiss. Zeitschr. der Humboldt-Universität zu Berlin, Math.-Nat. Reihe, 35, 3, 292–295.

ALTMANN, D. (1988): Harnen und Koten bei Säugetieren. Die Neue Brehm-Bücherei. Wittenberg Lutherstadt.

BIBIKOW, D. I. (1988): Der Wolf. Die Neue Brehm-Bücherei. Wittenberg Lutherstadt.

BORNHALM, D. (1977): WÖLFE – eingewechselt und verfolgt. Hannover.

BUTZECK, ST. (1988): Bejagungsmethoden des Wolfes in historischer Zeit. In: Beiträge zur Geschichte der Säugetierfauna der DDR. Teil 4. Herzynia, N. F., Leipzig, 25, 4, 404–449.

BUTZECK, S. (1992): Wölfe wandern westwärts. Nationalpark, Umwelt, Natur. Nr. 77, 4, 19–23.

BUTZECK, S. (1993): Wolfsland Brandenburg – die wildökologische Brücke zum Osten. Natur und Landschaft in der Niederlausitz, 14, 27–30. Cottbus.

BUTZECK, S., STUBBE, M. und PIECHOCKI, R. (1988): Beiträge zur Geschichte der Säugetierfauna der DDR. Teil 3. Herzynia, N. F., Leipzig, 25, 3, 278–317.

ENDE, R. v. (1982): Über Wölfe und Hunde. Berlin.

FREUND, W. (1988): Der Wolfsmensch. Melsungen.

GRZIMEK, B. (1943): Wolf Dschingis. Neue Erlebnisse, Erkenntnisse und Versuche mit Tieren. Stuttgart.

MECH, L. D. (1990): Der weiße Wolf: Mit einem Wolfsrudel unterwegs in der Antarktis. München.

MECH, L. D. (1992): Auf der Fährte der Wölfe. München.

NIETHAMMER, J. (1979): Säugetiere: Biologie und Ökologie. Stuttgart.

NITSCHE, K.-A. (1995): Der Wolf im Spiegel der Jagdpresse – eine erste Analyse. WOLF Magazin. Gesellschaft zum Schutz der Wölfe e. V., 1/95, 59–60.

PLENZDORF, U. (1989): Zeit der Wölfe. Nach AITMATOW, T. (1986): Die Richtstatt. Berlin. Programmheft der Volksbühne. Berlin

PROMBERGER, C. und SCHRÖDER, W. eds. (1992): Wolves in Europe – Status and Perspective. Proc. of the workshop „Wolves in Europe – current status and prospects“, Oberammergau, 2.–5. 4. 1992.

SCHENKEL, R. (1947): Ausdrucksstudien an Wölfen. Gefangenschaftsbeobachtungen. Behaviour 1, 81–129.

SCHÖNBERNER, D. (1965): Beobachtungen zur Fortpflanzungsbiologie des Wolfes, *Canis lupus*. Zeitschrift f. Säugetierkunde, 30, 171–178.

SENGLAUB, K. (1978): Wildhunde – Haushunde. Leipzig.

SUMINSKI, P. (1975): Morphologische Unterscheidungsmerkmale zwischen Wolfs- *(Canis lupus)* und Hundeschädel *(Canis familiaris L.)*. Z. Jagdwiss. 21, 227–232.

SUTER, H (1995): Der Überlebenskampf unserer Wölfe in Brandenburg. Über Wölfe und die Jagd auf diese. Schriftenreihe des Schorfheide-Museums Groß Schönebeck. Biosphärenreservat Schorfheide-Chorin. Heft 5.

TEMBROCK, G. (1957): Zur Ethologie des Rotfuchses (*Vulpes vulpes* [L.]) unter besonderer Berücksichtigung der Fortpflanzung, D. Zool. Garten (NF) 23 (4/6) 239–532.

ZIMEN, E. (1978): Der Wolf. Mythos und Verhalten. Wien. Literatur: WOLF Magazin. Zeitschrift der Gesellschaft zum Schutz der Wölfe e. V., Wetzlar.

Sachwortverzeichnis